当世界无法改变时

改变自己

万变世界绝对不变的自我提升法则

高原

——著——

When the world can't **change,**
change **yourself**

民主与建设出版社　博集天卷 CS-BOOKY

图书在版编目（CIP）数据

当世界无法改变时改变自己：畅销升级版 / 高原著. —北京：民主与建设出版社，2016.4
ISBN 978-7-5139-1047-7

Ⅰ.①当… Ⅱ.①高… Ⅲ.①成功心理 – 通俗读物 Ⅳ.①B848.4-49

中国版本图书馆CIP数据核字（2016）第063419号

上架建议：励志·成功心理学

DANG SHIJIE WUFA GAIBIAN SHI GAIBIAN ZIJI：CHANGXIAO SHEGNJI BAN
当世界无法改变时改变自己：畅销升级版

出 版 人	许久文
责任编辑	刘 芳
监 制	于向勇 马占国
特约编辑	刘 伟
营销编辑	刘 健
封面设计	主语设计
出版发行	民主与建设出版社有限责任公司
电 话	（010）59419778 59417747
社 址	北京市朝阳区阜通东大街融科望京中心B座601室
邮 编	100102
印 刷	北京嘉业印刷厂
开 本	787mm×1092mm 1/16
印 张	16.5
字 数	200千字
版 次	2016年4月第1版 2016年4月第1次印刷
书 号	ISBN 978-7-5139-1047-7
定 价	35.00元

注：如有印、装质量问题，请与出版社联系。

- 让你看清世界的正反两面，认识自我，改变自我，成就自我。

- 让你拥有强大的内心，从此再也没有困难可以阻止你，再也没有人可以伤害你！

- 让你悟透潜意识与个人突破的基本原理，结合宇宙法则、潜能训练，全面提升自己！

- 教会你时间管理，全球上市公司总裁都在学习的时间管理法让你改掉懒惰、拒绝拖沓、有计划地对你的人生与时间进行管理，从此，你个人的效率将提高10倍，团队效率将提高25倍！

- 用具体的方法训练并完善你的领袖气质：信念力、意志力、自制力、专注精神、气场、勇气与自信，这些原本就属于你的超强力量将真正地属于你，让优秀成为你的习惯！

- 提供一系列实用的方法教你全面提升：培养积极心态的12种方法；提升自我意识的5大诀窍；走出低谷、战胜自我的8种方法；挖掘潜能的5种练习；效率提高10倍的时间管理法；培养热忱的15种方法；学会倾听的10个技巧；培养自制力的7个步骤；拒绝拖沓的8种方法；创造奇迹的3大步骤；培养创新能力的想象力训练课程；可持续创新的基本方法……

当世界无法改变时
改变
自己

● 潜意识大师高原在引导人激发潜能上受到大众广泛认可。在本书中，他首次跳开潜意识概念从更深远的角度讲个人的突破和改变。

● 作者从心理学的角度破解我们在成长路上的各种行为心理——不同类型的人在"改变这个世界又被这个世界所改变"的同时，心理上会有怎样的变化，如何在变化中把握自己，激发潜能，运用成功定律，全面改变，提升自己！

● 通过自我的成功经验与全球的名人案例，高原把晦涩的心理学概念实用化，把复杂的问题简单化，让渴望改变、渴望成功的人找到完全可以效仿的样子。

● 这是一本让你在这个社会上立足、生存、成功的实用之书，它让你认清世界、认识自我、改变自我、成就自我。

这个世界唯一不变的
就是变化

这个世界唯一不变的就是变化。人的一生总要遇到许多问题，比如公司的倒闭，工作的失去，财务出现危机，健康出现状况，感情的结束，亲人的离去，生活失去方向。当这个世界已经变得不是你想象的样子，你又该如何改变？

在这个动荡的世界，我们怎样可以让自己过得更好？

也许，我们无法改变这个世界，但是最起码可以改变自己，改变自己的内心，改变自己的观念，世界也会因为我们的改变而转变，雨过天晴，阴霾散去。

一直以来，我都想写出这样的一本书：一本让你改变自己的书，更是个人与这个世界的一次对话，一次非同寻常的探索，一次对自我成功经验与失败经验的总结。在本书中，我将跳开潜意识概念，从更深远的角度讲个人的突破和改变，从心理学的角度破解我们在成长路上的各种古怪的行为心理、生活劣习，并提出应对之道——不同类型的人在"改变这个世界又被这个世界所改变"的同时，心理上会有怎样的变化，如何在变化中把握自己，激发潜能，运用成功定律，全面改变，提升自己！

本书除了我个人与身边朋友的成功经验外，也汇集了全球许多名人的案例。我也试图将潜意识等心理学上的晦涩概念进行实用化、简单化的处理，让渴望改变、渴望成功的人能够在成功路上找到完全可以效仿的样子。

希望本书能成为一本让你在这个社会上立足、生存、成功的实用之书。它能让你认清世界、认识自我、改变自我、成就自我。建议大学生、青少年、职场白领、商场奋斗的广大人士、喜欢思考的社会人士，可以读一读、悟一悟，你的人生、心理、观念、命运，或许能够从此改变。

当世界无法改变时
改变自己

目 录
contents

Part_1

突破意识之墙，
做最优秀的自己

◎只要你愿意，这个世界上没有人能够伤害你 _002

◎看透世界正反面，从骨子里让自己变得乐观起来 _005

◎提升自我，你先要清晰地认识你自己 _026

◎运用宇宙法则，激发你的无限潜能 _043

Part_2

只需三步，
你就可以创造奇迹

◎方向比方法更重要 _064

◎目标是如何设定的 _072

◎奇迹是如何创造的 _077

Part_3 时间管理，
让你效率提高10倍

◎现在就做，绝不拖延 _082
◎如何找出隐藏的时间 _091
◎当勤奋成为一种习惯 _116

Part_4 高贵品格，
持续成功的根本力量

◎征服一切的意志力 _122
◎战胜挫折的强大勇气 _133
◎热忱是一种力量 _135
◎控制一切的自制力 _152
◎因为专注，所以简单 _160

Part_5 转换思维，快速成功

◎培养正确的思考方法 _172
◎你一定要懂得的成功公式 _175
◎敢于创新是成功的翅膀 _179

当世界无法改变时

改变自己

目 录

c o n t e n t s

Part_ 6 训练出众的社交技巧

◎成功者善于合作 _194

◎一定要学会沟通 _197

◎怎样才能获得合作 _201

Part_ 7 先改变自己，再改变世界

◎关注内心，让自己变得更强大 _220

◎树立正确的金钱观，学会自我投资 _225

◎健康是你爱情、生活、事业成功的根本保障 _230

Part_ 8 从优秀到卓越，超越自我

◎优秀领导人物的16种必备素质 _236

◎自我成功的必备条件 _242

◎自我成功的宝贵方法 _247

◎更大的成功是帮助他人成功 _251

当世界无法改变时

改变自己

Part_1 突破意识之墙，做最优秀的自己

>>> 　　人不能一直停留在一种固定不变的模式里，我们需要一种更新的眼光来审视这个世界，并且证明自己的能力。也许我们认为做某些事情好似异想天开，于是不去一试。但是，想象一下当你以一种全新的思维去从事一项充满神奇的活动时，那会是非常有趣的体验。而且，这会使你收获难得的勇气。

◎ 只要你愿意，
这个世界上没有人能够伤害你

不少人都曾经问过我"如何才能成功"，他们过多地关注成功的技术，对于成功所需要的伟大品质却视而不见。就像人们投资一种股票，只关心怎么才能上涨而忽视股票背后的企业一样。一个人的成功和企业的恒久强大，在本质上往往是相同的，每一个优秀的人或强大的企业，都独有一颗坚强的灵魂，那就是信念。

信念平时并不挂在嘴边，她隐藏在我们的潜意识深处，融入我们的血液，成为我们灵魂的一部分，来主导我们的生命运行。关于她的伟大价值，著名的黑人领袖马丁·路德·金有一句名言可以向我们证明："这个世界上，没有人能够使你倒下，如果你自己的信念还站立着的话。"

对一个希望取得成功、希望在奋斗的过程中完善自己的人来说，我们很难想象他会是一个没有信念的人。坚强的信念之于成功，就像人的骨架决定着人的高度、宽度还有抵抗外力的能力。通过研究全世界各国成功人士的案例我们发现，凡是信念不坚定、经常半途而废的人，他们的事业往往充满了波折，很难实现自己的人生理想。那些破产者倒下的原因，更多是他们没有将信仰坚持到底。当他自身出现动摇时，才会有一些技术性的失误乘虚而入把他击倒。

上帝在创造人的时候，给了每个人一根拐杖，以便让他学会行走，这就是信仰。一个人一旦对此深信不疑，这件事就有可能做成，遇到困难也能坚持到底，不轻易放弃，否则就很容易半途而废。

有一支探险队艰难地跋涉在大沙漠，烈日的暴晒让他们口干舌燥，每个人都感觉自己快要被抽干了。更糟糕的是，他们已经无水。在干旱的沙漠中，水就是他们赖以生存的信念，没有了信念的支撑，就像掉入了无底的黑洞，一个个失魂落魄，把唯一的希望寄托在队长身上，希望上帝保佑他们不被渴死在这荒无人烟的鬼地方。

队长从腰间取出一个水壶，两手举起来，用力晃了晃，惊喜地喊道："哦，我这里还有一壶水！但穿越沙漠前，谁也不能喝。"沉甸甸的水壶在队员们的手中依次传递，濒临绝望的脸上又显露出了坚定的神色。他们坚信一定能走出沙漠，一步步地踉跄着向前挪动。实在渴了，他们就看着水壶，抿抿干裂的嘴唇，想想走出这鬼地方就可以喝到水，又会感觉充满了力量。

经过辛苦跋涉，他们终于死里逃生，大家喜极而泣，久久凝视着那个支撑他们信念的水壶。队长小心翼翼地拧开水壶盖，缓缓流出的却是一缕缕的沙子。

"就算我们没有水，沙子一样可以支撑我们走下来，因为我们每个人都心怀必胜的信念。"这是队长的感言，也是人生的忠告。

干旱的沙漠，没有水，是信念让人们逃出死神的魔爪。不论是沙子还是清泉，重要的是，我们身在绝境，要坚信定有清泉。

困难本身并不具有把人打倒的威力，它往往被人们惧怕的心所放大。从这个故事你可以想到，即使濒临绝境，只要心中的信念之火不灭，上帝就不会让你遭到苦难的惩罚，相反，你会遇到很多好运气，它们会将你带出绝境。

我在华尔街时，有位投行的总监曾向我讲过下面这个发生在非洲的真实故事：有六名矿工在很深的矿井下采煤，突然矿井倒塌了，出口被堵住，他们彻底与外界隔绝了。这是一场巨大的难以预料的灾难，这种事故在当地并不少见，凭借经验，他们意识到自己面临的最大问题是缺乏氧气，井下的空气最多还能让他们生存三个半小时，这是很短暂的时间。

六人当中只有一个人有手表，于是大家商定，由戴表的这人每半小时通报一次。当第一个半小时过去的时候，戴表的矿工轻描淡写地说："过了半小时了。"但是他的心里却是异常地紧张和焦虑，因为他是在向大家通报死亡线的临近，他无法预料后果是什么。

然而，他突然灵机一动，决定不让大家死得那么痛苦。第二个半小时很快到了，他没有出声，又过了一刻钟，才打起精神说："一个小时了。"其实时间已经过了75分钟。又过了一个小时，他才第三次通报所谓的"半小时"。同伴们都以为时间只过了90分钟，只有他自己知道，135分钟已经过去了。

事故发生四个半小时后，救援人员终于赶到了，令他们感到惊异的是，六人中竟有五人还活着。这完全是不可思议的事，因为在这种极度缺乏氧气的情况下，人是不可能存活到现在的。只有一个人窒息而死——他就是那个戴表的矿工。

奇迹往往就是这么产生的，只要坚定地认为某种事物真实存在着，人们就可以凭借坚强的意志力把它们变成现实，哪怕它只是一种假象。这就是信念的伟大力量，我们在生活中经常见到，很多人看上去根本不可能完成一件高难度的工作，但他硬是在自己无比坚定的意志下，创造出让你目瞪口呆的壮举。

◎ 看透世界正反面，
从骨子里让自己变得乐观起来

★ 当心境变了，处境也就跟着变了

成功者与失败者会拥有完全不同的人生，从同一个起跑线出发，结果却截然相反，心态是起决定性作用的一个重要因素，尤其在关键的时刻，心态的不同将产生截然不同的结果。在推销行业中广泛流传着这样一个故事：有两个欧洲人被派到非洲去推销皮鞋，去了之后却发现情况是这样的：由于天气炎热，当地人全都赤脚走路，他们根本不穿鞋子。其中一个推销员想："唉，这帮人肯定不会买我的鞋子了。"于是失望地离开。而另一个推销员见此情景兴奋得不得了，他惊喜道："这么多人没有鞋子穿，我一定要抓住这次机会！"于是，他想方设法，去引导人们穿鞋和买鞋，最后他由此发了一笔大财。

改变自己

面临同样的市场，一个人心灰气丧，自认失败；另一个则信心满满，积极地想办法应对。这就是一念之差所导致的天壤之别。

很多时候，当我们的心境变了，生活的处境也就跟着改变了。

有一位叫做塞尔玛的女士，她陪伴着丈夫驻扎在一个沙漠的陆军基地里。她的丈夫奉命到沙漠中去演习，她一个人留在陆军的小铁皮房子里，天气热得受不了，足有125华氏度（约52摄氏度）。她没有人可以聊天，身边只有墨西哥人和印第安人，而他们不会说英语。这让她非常难过，于是就写信给父母，说要丢开一切回到温暖的家里去。

她父亲的回信只有短短的两行，这两行信却永远地留在了她的心中，完全改变了她的生活："两个人从牢中的铁窗望出去，一个人看到泥土，一个人却看到了星星。"

塞尔玛感到非常惭愧，她决定要在沙漠中找到属于她的星星。从这时起，她尝试着和当地人交朋友，融入当地人的生活。当她主动靠近时，发现他们是那么热情友好，这让她大为吃惊和感动。她喜欢他们的纺织品和陶器，于是他们送给她作为礼物。她还喜欢上了那些神奇的沙漠植物、稀有的小动物。她研究仙人掌、土拨鼠，观看雄伟壮观的日落景象，寻找那远古时代沉积下来的海螺壳，那个时候的沙漠还是一片迷人的海洋，她感觉自己就像一个考古队员在经历奇妙的旅行。

呀！这一切简直太令人兴奋了！她一点都不想回去了。

那么，在同样的环境中，是什么让这位女士的内心有了如此大的转变？

现实没有变，沙漠还是一样的荒凉燥热，印第安人也没有学会说英语,但是这位女士的心态改变了。原来在她看来那么恶劣的情况,因为自己观念的转变而成为生命中最有趣的事了。她就像发现了新世界一样,兴奋不已。为了记录下这次有意义的冒险,她写了一本书,以《快乐的城堡》为书名出版。

在现实生活中,我们发现大部分的失败者都是被自己的心态打败的。每当遇到困难,他们的第一反应往往是"这太难了""我不可能做到的",没有经过努力就认定自己不行,他们不会去认真地思考对策,不做尝试,就选择了放弃,最后只能是陷入失败的深渊了。而成功者无不是以一种积极的心态来面对人生的,在困难面前,他们只会对自己说"我能行,我可以"。在积极心理的暗示下,他们发现事情的确没有想象中困难,于是就能突破障碍,想出办法,不断进步,直至达到目标。

也有些人喜欢把自己的不成功归结于身边的环境,我们每天都会听到这样的抱怨:我没有好的学习条件,朋友对自己不忠,似乎好运气从来不会找到自己。他们对待自身处境的态度十分消极,愚蠢地以为现在的环境就能决定他将来人生的位置。

在这种心理下,他们的活动是消极而没有效果的,所以他们更加认为自己的判断是对的,以至于不管外界环境如何变化,他始终都不会改变自己的想法。

实际上,这些人只需要明白一点:环境并不能造成我们的失败。你用什么态度对待环境,你就会拥有什么样的人生,这些都由你自己决定。纳粹集中营的幸存者维克托·弗兰克尔说过:"在任何特定的环境中,人们还有一种最后的自由,就是选择自己的态度。"

类似的忠告和提醒比比皆是。还有马尔比·D.马布科克，他警告人们说："最常见同时也是代价最高昂的一个错误，是认为成功有赖于某种天才，某种魔力，某些我们不具备的东西。"而实际上成功的要素很简单，最重要的一条就是你的心态。

一个人的内心环境，包括心理、情感、精神，完全由个人的态度所创造。外部环境则复杂得多，要改变它绝不是一件简单的事，所以不要把你的注意力过多地放在外在条件上，那只会让你对他人心怀敌意，对自己一次次失望。积极的心态虽然不能让一个人事事成功，但肯定能够改善一个人思考问题和做事情的习惯，让他更加接近成功。反之，一个心态消极的人绝对不可能成功，即使遇到好运气暂时获得一点成绩，也是不稳固不牢靠的，经不起困难的考验。

★ 人最大的敌人是自己

那么，积极的心态是怎样对人的行为产生影响的？从行为心理学的角度来说，一旦你具有了某种信念或心态，就会将它表现为某些外在的行动，而这种行动恰恰加强和稳固了你的这种信念和心态。

我举一个例子，在工作中你是一个非常自信的人，比如在公司，你相信自己能够很好地完成工作，这种自信就会表现在你的行动中，你会想方设法地努力去把这份工作做好。当你的工作出现成效，被人肯定时，你的自信心就会更加充足。这就是心态促进行动，而行动反过来又加深了这种心态。再比如说你很欣赏某种类型的人，由于喜欢，便会有接近的愿望，于是采取主动的沟通。在沟通交流中，你会发现这个人更多的优点，于是你就更加喜欢这个人。

这是情绪和行为一致性的一种反映，是人的潜意识的一种特质，也是决定一个人生活质量的关键因素。运用在每个人的自身也一样，你喜欢自己或者不喜欢自己，这种情绪都会和行为相互作用。当一种观念在你的脑海里存在，就会作出相应的行为以加重它。

通常情况下，女人一旦哭起来就越哭越伤心，这是因为哭可以促使不良情绪发泄，而哭的行为却也使当事者在哭的同时助长了消极心理，从而导致因和果混淆。消极的心态逐渐强大，慢慢就占据她心灵的全部空间，让她认定事情将没有希望。

所以说，一个自信满满，认为自己有能力的人，就会觉得自己具备各方面的有利因素，只要自己充分发挥就能取得成功。所以说，这个世界上只有自己能改变自己，也只有自己能拯救自己。

请记住，人最大的敌人是自己的内心。除此之外，没有人能真正打败你。

因此，就算你的自身条件非常不利，但只要你保持一颗积极向上的心，摆正心态，取得伟大的成功也是很有可能的事。相反，一个人就算有着再优越的条件，如果他悲观消极不思进取，失败也是必然的。

大量的事例证明，积极心态能够帮助人们成就事业，美国前总统富兰克林·罗斯福就是这方面的一个典型。

小时候的富兰克林·罗斯福并不像人们后来看到的那样是世界的强者，而是一个非常胆小的男孩。他的身体很不强壮，脸上总是带着惊惧的表情，连呼吸都紧张得不得了，艰难地喘气，企盼人们的宽恕和同情。如果被老师喊起来背诵，他立即会双腿发抖，嘴唇颤抖着说不出话，回答问题含糊不清，这样一次次下来，让他很丧气。要是面貌好看些，也许还体面一点，但很不幸，他同时又是一个龅牙男，参差不齐的牙齿让他的相貌显得极为丑陋。

在许多人的印象中，这样的孩子应该是敏感、孤僻和自卑的，他们不与人交流，回避各种社交活动，看着别人的欢乐而顾影自怜。但事实上，罗斯福却不是这样的，虽然他的身体上有缺陷，但他却有着积极的心态。他乐观坚强、积极奋发，并没有因为缺陷就备感自卑从而退缩，相反，这激发了他强大的奋斗精神。为了弥补外在不足，他比别人更加努力。别人嘲笑的话语虽然刺耳，但是并不能击倒小罗斯福的勇气和信念，他那紧张的喘气终于变成了自信而坚定的声音。他总是用力咬紧牙床，以使自己的嘴唇在说话的时候尽量正常。就这样，他一步步地克服了内心的惧怕。

从他决定改变的那一刻起，他就不再因为自己的缺陷而气馁了。这些不足并没有掩盖他与生俱来的聪明，他甚至学会利用自己的不足，把它变为奔向成功的资本。人们很少知道，伟大的美国总统曾经有那么严重的缺陷。他凭借积极乐观的心态和坚持不懈的奋斗精神，成为美国人民无比爱戴的总统。这么神奇和伟大的成功，和他先天严重的缺陷形成了鲜明的对比。

不幸的是，很少有人有机会体验这种成功所带来的幸福感。很多和他同样处境的人选择了自甘堕落。因为缺陷，他们丧失了勇气和信心，这当然可以说是再正常不过的事了。然而罗斯福没有这么做，即使朋友对他表示同情，他也绝不自我可怜。"自哀自怜"这种东西要比身体上的缺陷更加害人，就比如有的人本身并没有多大的缺陷，但却是那种自哀和自怜的心态让他们陷入了无底的深渊，在消极的心态下，他们不管是生活还是工作，任何事情都会无所作为。

有谁会想到，受人爱戴的罗斯福总统竟有着如此悲凉的童年呢？如果罗斯福把注意力集中在自己的缺陷上，他也许会花费很多的时间和心思想要改变这一现状，他可以洗温泉，服用营养药，或者躺在甲板的睡椅上吹着海风晒太阳，以期恢复健康。但他是伟大的罗斯福，他不是需要悉心照料的婴孩，更不是摆在温室中的花朵，他要让自己成长为一个真正的人。他像其他强壮的孩子一样，游泳、骑马、打猎，参加各种激烈的体育活动，进行各种有难度的项目。他总是努力使自己做到最好。

这样坚持下来，他觉得自己是一个勇敢的人，而他更喜欢那些同样勇敢的伙伴，所以愿意和他们在一起，而不是回避。融入别人让他感到了满足和快乐，他没有自卑感，当然更不会惧怕与他人相处。他不是别人眼里的可怜虫，反而处处用自信和乐观去感染别人。

罗斯福似乎是一个永远不知道疲倦的人，他那过于旺盛的精力使他从来没有停止过努力，由于经常进行系统的运动和训练，他的健康和精力越来越好。大学期间，他利用假期外出打猎，已拥有了一副强壮结实的身体。他在亚利桑那追赶牛群，在落基山猎熊，在非洲大草原打狮子……这一系列的训练活动让他成为西班牙战争中的马队领袖。或许有人对他如此神奇的经历有所怀疑，但千真万确，罗斯福确是那个曾经胆小怯弱的小男孩。

他成功的方式其实很简单，它是每个人都可以做到的。他的成功主要得益于他积极的心态和不懈的奋斗，其中心态是至关重要的。正是由于他不惧怕缺陷，敢于挑战自己的内心，努力拼搏，才使他得以摆脱不幸的泥淖，登上成功的巅峰。

我们必须相信，命运的主宰者不是别人，而是自己，只有"我"才是自己灵魂的真正领导者和主宰的力量。一个人若要做自己命运的主宰，首先要做自己态度的主宰，能够控制自己心态的人，才能成为掌控自己命运的人。因为归根结底，态度决定了高度。

相信吗？一个人的念头会在行为的作用下变成事实。如果你认为自己贫穷，那你只会一无所有；如果你认为自己富有，你就会努力使自己成为一个富裕的人。

大多数人都以为成功需要很多异于常人的优点，因为成功总是青睐那些与众不同的人。其实成功的人最大的与众不同就是——拥有一个无比积极的心态。这是一个任何人都可以拥有的、最显而易见的，但人们却常常视而不见的优点。

一个人只要具备积极的心态，那么困扰他的所有困难都能迎刃而解。

★消极心态是如何导致失败的

现在我们知道，心态决定成败是一项普世原则，无论你身处顺境还是困顿，都要保持一颗积极向上的心，不要让悲观和失落占据你的内心、取代你的热情。我们的生命可以高高在上，也可以一文不值，就看你自己如何选择。积极心态能帮助我们更快地走向成功，而消极心态只会导致失败。

积极的心态是一种长期坚持的态度，并不是暂时拿来当工具用的，而是一种人生的价值观。有些人一旦遇到挫折，就对积极心态失去信心，认为那起不到什么作用，于是变得消极悲观，从此一蹶不振。

那么消极心态是怎样导致失败的呢？

1. 导致机会的流失

积极心态能够坚定人的信念，激发人潜在的力量，从而突破困难，到达成功的彼岸。而消极心态却会让人被悲观的情绪笼罩，失去尝试的勇气，一味逃避，安于现状，导致机会白白流失。

在美国南方的某个州，人们用烧木柴的壁炉来取暖，取暖用的木材大都由当地樵夫供应。有一个樵夫，给一个主顾供应木材多年，因为那家人的壁炉有些特殊，他清楚地知道木材直径的大小，否则就不合乎壁炉的尺寸。

可是，有一天他送去的木材尺寸几乎全都不合规格。主顾给樵夫打电话要求调换或把这些木材劈开，樵夫说如果那么做将会花费昂贵的工价，他拒绝了。主顾不得已，只能自己动手劈木材，工作进行到一半，他发现一根奇怪的木头，木头上有截开的痕迹，但是又被堵上了，这么干到底是为什么呢？他拿起木头，发现它很轻，仿佛是空的。于是把它劈开，不料，有一个铁圈从里面掉了出来。

他打开铁圈，里面竟然有一些很旧的钞票，他数了数，恰好有2250美元。看来这些钞票在这个树节里已经存在许多年了。这个主顾只想赶快找到钱的主人，于是打电话问樵夫从哪里砍来的这些木头。樵夫认为那是自己的秘密，不愿意泄露秘密。主顾想尽办法还是无法获悉木头的来源，更无从知道是谁把钱藏在了树内。

同样经手过这批木头，心态消极的樵夫因为悲观的想法而错过了发现钞票的机会，主顾却积极主动地对本不合格的木头进行义务的加工，最后发现了钱。从这里我们看出，好运在每个人的生活中都存在，心态积极的人会主动抓住机会，从中获益；而心态消极的人却常常阻止了好机会的降临还不自知。

有时候判断的标准很简单：你是否愿意用一种积极的心态去做一些看似自己吃亏的事？如果你的回答是肯定的，那么我要恭喜你，因为你将时常与好运相伴，造物主一定会把你列为最优先考虑的恩赐对象。

所以说，一个心态消极的人总是用自认为正确的眼光看待事情，陷入自己编造的网里不能自拔，即使机会就在眼前，他也会被消极情绪困住了双眼，不能很好地利用眼下的机会摆脱困境，只能更加僵化自己的想法，永远不可能有进步。

2. 摧毁信心和希望

人之所以选择奋斗，是因为前方有美好的东西值得期待，当人们看到春天的希望，就能忍受住严冬的考验。而一旦希望破灭，人就失去了奋斗的动力。消极的心态正是吞灭希望、摧毁信心的罪魁祸首，它使人们失去前进的力量，离成功越来越远。

约翰·格里尔是一匹著名的良种赛马，它曾经多次在赛马比赛中取得好成绩，被认为是1902年7月的比赛中的种子选手。事实上，它的确是很有希望获胜的，它被人们给予精心的照料和训练，广告也大肆宣传，说它是唯一的一个有机会击败在任何时候都占优势的赛马——"战斗者"。

1902年7月，在一个万众瞩目的日子里，在德维尔良马大赛中，这两匹马终于可以一分高下了。它们并列跑在跑道上，看似平常无奇，实际上却是在作殊死的搏斗。跑到路程的四分之一时，两匹马还没有拉开距离，跑到一半，四分之三，仍然不分高低。最后，在仅剩八分之一路程的地方，它们似乎还是齐头并进，看不出什么差距。

但是就在此时，"格里尔"猛然向前蹿去，跑到了"战斗者"前面。在这个紧要关头，"战斗者"的骑手用手中的鞭子持续抽打着身下的坐骑。受了刺激的"战斗者"拼命地向前冲，仅一小会儿的工夫就与"格里尔"拉开了很大距离。比赛以"战斗者"的胜利结束，它比"格里尔"领先了七个身长。

"格里尔"原本是一匹精神昂扬的良马，它屡战屡胜的成绩说明它是很有希望的。然而这次经历后它却一蹶不振了，因为它的心理受到了如此大的冲击。仅仅是一次比赛，它的护身符就失去了作用。积极乐观的精神已经走远，现在的它被悲观和抑郁缠绕。在之后的一系列比赛中，它再也没有获胜过。

3. 限制人的潜能

行为方式反映的是一个人的心态，一个对自己的评价很低的人，反映在外在行动上便是畏首畏尾、不敢有所突破。他们不仅看到了外部环境最坏的一面，而且总是盯着自己最坏的一面。发现自己的劣势后，他们就会觉得自己根本不行，没有能力采取新的计划，更没有勇气面对失败带来的风险。于是，他们墨守成规，不思改进，找各种借口拒绝新的观念和接受改变。

据说在这个世界上最明智的统治者是所罗门王，他在《圣经》的箴言篇23章第7节中说道：“他心怎样思量，他为人就是怎样。”

也就是说，一个人相信有什么样的结果，就会得到什么样的结果。一个能够取得一定成就的人，他的内心必定有对于自己的事业目标的强烈追求。如果一个人不相信他能达到某种成就，便不会主动地去争取。梦想是人奋斗的原动力，当你心态消极，连梦都不敢做的时候，你也就不再对自己抱有任何期望。这个时候，没有了想要成功的信念，没有了争取成功的动力，一个人的能力接着就会倒退到一事无成的水平。因为你不去挖掘和利用自己的才能及潜力，就像铁不用会生锈一样，你的能力也会僵化，你也就成为自己本身潜能的最大敌人。

所以说，导致失败的往往是消极的心态。人的意念的力量是难以估量的，不论是正面的还是负面的思想，都会对你的人生产生重要影响。抑制负面力量，克服消极的心态，就能避免悲观和颓废，而不会沦为一个让人失望的失败者。

★ 培养积极心态的12种方法

如何培养积极的心态呢？以下几个方面可以很好地帮助你。

1. 从言谈举止上变得积极起来

由于人的情绪是有波动周期的，在某段时间，很多人都会有一种做事情没热情的感觉，然后期待有兴致了再去做。其实这是一种本末倒置。一个人只有积极地行动起来，才能逐渐摆脱颓废、懒惰、悲观等消极情绪，让思维活跃起来，从而塑造一种积极的心态。

心态是紧跟着行动的，一个人从言谈举止上变得积极起来，才能感染自己的内心，成为一个心态积极者。而消极的人，永远是等着感觉把自己带向行动，那他永远也积极不起来。

2. 心怀必胜的积极想法

美国著名的企业家和成功学大师卡耐基说过："一个对于自己的内心有完全支配能力的人，对他自己有权获得的任何其他东西也会有支配能力。当我们开始用积极的心态并把自己看成一个成功者时，我们就开始收获成功了。"

追求一种成功就像农民播种，一个好农民绝不会仅仅播撒下几粒种子就不闻不问。他必须给这些种子浇水，长出幼苗后还要施肥、除草、捉虫，庄稼才能生机勃勃，不然就会杂草丛生，庄稼因营养不良而枯死。

一个人必须在心里撒下积极的种子，然后在每件事情面前都抱着积极、乐观的想法，让积极的种子生根发芽，慢慢扩散，逐渐占据你的内心，那么消极思想就没有机会在你的心灵土壤上滋长。记得时刻心怀必胜和积极的想法，为你的积极心态浇水，而不要给消极心态施肥助长。这正应了《圣经》中的那句话："凡是真实的、可敬的、公义的、清洁的、可爱的、有美名的，若有什么德行，若有什么称赞，这些事你们都要思念。"

3. 用美好的感觉、信心和目标去影响别人

人们总是喜欢和积极乐观者在一起，一个心态积极的人有一种吸引力，他能很好地感染周围的人。这种良好的心态会体现在他的每一个行动中，让人在行动中获得对于生活的满足感，有了这种满足感，就会信心倍增，人生目标也越来越明确。当别人靠近你，能从你身上感受到一种力量，那就是积极的心态所带给人的信心和目标感。

这是一种难以言表的强烈感觉，它能让别人积极地响应你，被你吸引，从而想和你发展一种积极的关系。这种关系所产生的影响是相互的，我们的心态会变得更加积极，同时，别人也会从中获得一种积极态度。

4. 让每个人都感到自己很重要和被需要

当别人认为你把他看得重要的时候，他同样会增加你在他心中的分量。人与人之间是相互的，你怎样对别人，别人就会怎样对你。

有一个故事，是我常在培训中心讲到的：两个不认识的人驾车赶往同一个小镇，二人到达市郊加油站时停下来，想打听一下镇上的情况。其中一个人问职员："我想知道这个镇上的人怎么样？"加油站职员反问道："您以前住的镇上的人怎么样呢？"那人回答："哦，糟糕透了，他们都很不友好，我不喜欢那里。"职员说："我们镇里的人也一样。"第二个人也表示想了解，职员同样问道："你住的镇上的人怎么样？"驾车人回答："我认为他们对人非常友好，我们相处得很愉快。"职员笑着说："哦，先生，我们镇上的人也同样很友好，祝您愉快！"

同是一个镇上的人，在职员口中却给出了两个答案。因为他懂得，你对别人的态度，其实就是别人对待你的态度。

每个人都希望自己是最重要的，受人关注的。而这种自我满足感通常来自

他人对自己的需要。当我们被需要、被感激，我们就会意识到自己的作用，从而产生一种自我认同感，这时候就会建立起一种无比积极的心态。当然，对于给予重要感的对方，别人也会持一种积极的态度，使对方同样感到自己重要。你只有给予对方积极肯定的态度，别人才会以同样的态度对待你，这样就能形成一种你好我好大家都好的局面。正如19世纪美国著名的思想家兼文学家爱默生说的："人生最美丽的补偿之一，就是人们真诚地帮助别人之后，同时也帮助了自己。"

5. 心存感激

一双流泪的眼是看不见满天星光的，一个心怀仇恨和抱怨的人不可能发现人生中美好的东西。日常的工作和生活中有很多的不顺利，有人抱怨丈夫收入少或妻子不漂亮；有人抱怨孩子难管教，照顾老人累；工作中可能满腹才华得不到赏识，自己尽力尽责却得不到理解。很多人都是带着一种悲观消极的思想去生活，而不懂得心存感激。当你怀着感恩之心时，你会发现自己拥有的很多，不要等到失去后再悔恨。学会珍惜自己所拥有的，你也会是一个幸福的人，这样的人生才会美好许多。

当你因为没有鞋子而哭泣的时候，请看看没有脚的人。其实，自己并没有那么多的不幸，只是你没有注意到自己的所得——可能别人正对你拥有的东西艳羡不已。心存感激的人，才能看到人生中的美好，就像欣赏大自然中的花香鸟语一样。

6. 学会称赞他人

"不要去批评一个人，要去赞美他，即使他是错的。"从这句话，我们可以看出赞美的重要性。在人与人的交往中，适当的、发自内心的赞美，会让他人产生一种成就感，能够改善人际关系，拉近你与他人的距离。

美国心理学家威廉·詹姆斯曾说过："人性最深切的需求就是渴望别人的欣赏。"

莎士比亚也说："赞美是照在人心灵上的阳光。没有阳光，我们就不能生长。"

丘吉尔说："你要别人具有怎样的优点，你就要怎样去赞美他。"

真诚地赞美别人，是对别人价值的一种肯定，它是一股滋润心灵的甘泉，让人内心舒畅，并有着不可思议的力量。当一个人被赞美，他就会产生一种责任感，这就像一种行为规范，他会按照别人赞美的样子去努力，甚至全力以赴，取得辉煌的成绩。即使赞美并非完全属实，对于受赞美的人也是一种鼓舞。为了达到人们心中期望的样了，他会作出改变，尤其是一个很少有人夸赞的人，他会因此期待得到更多的赞美。

赞美还可以让人怀着积极的心态去改变自己，去做一种快乐的蜕变，更有利于事业的成功。在对方收获愉悦心情的同时，更加深了你们之间温暖美好的感情。在帮助别人的同时，内心也分享到了喜悦和生活的乐趣。

7. 学会微笑

英国有一句谚语说：一副好的面孔就是一封介绍信。一张微笑的脸就如同一幅赏心悦目的画，让人心情愉快。我们的面孔生来如此，是父母的恩赐，我们自己是没有办法改变的，但是表情却是由你自己支配的。一个面带微笑的人，传达的是一种自信和友好，乐观和坚强，它能以最简单、最快捷的方式感染人。微笑含义深远，他是一个人智慧和品格的沉淀。

一个时常微笑的人，是心胸豁达的，是坚定勇敢的，当你和他在一起，能够被他所散发的魅力吸引，并随着他一起快乐起来。这其实是积极心态的感染，人们总是喜欢和美好的东西为伍，一个人良好的心态能够为他带来融洽的人际关系。

微笑以一种潜移默化的方式融化人与人之间的坚冰，拉近彼此的距离，打开友谊的大门，让人际交往变得轻松顺畅，让我们的心态积极健康。因此，微笑是一门人人都应学会的身体语言。

8. 不计较小事

一个人的精力是有限的，我们每天有数不尽的大事小事要做，如果在无关紧要的事情上浪费掉时间，就会偏离大的目标和重要事项，得不偿失了。一个有着积极心态的人，绝不会允许这种偏离产生，他懂得轻重缓急，从来不会无缘无故地小题大做。

900年前，那场席卷整个欧洲的战争竟然是因为一只水桶的争吵而爆发的。1654年瑞典与波兰之战的起因，也只不过是一份文书，在这份文书中，波兰国王的头衔比瑞士多了一个。英法大战就更荒谬了——有人不小心把水溅到了侯爵的头上。

现实生活中，我们虽然不至于为一件小事发动战争，但却会因此使自己和周围的人不愉快。当这种消极的东西占据我们的头脑时，当然不会有精力去做真正有意义的事情了。

一个优秀的人，总是把最重要、最能创造价值的事情排在前面，把一些无所谓的事情丢弃掉，这样他才能保证自己有限的时间和精力被充分利用。一个心态积极者必定拥有豁达的心胸；一个人为多大的事情发怒，就能看出他的心胸有多大。

9. 培养奉献的精神

阿尔伯特·施惠泽说："人生的目的是服务于别人，是表现出助人的激情与意愿。"在他的意识里，一个成功的人是对他人有所贡献的人，一个积极心

态者是能够给予别人的人。但凡事业成功的优秀人士，无不遵循这一定律，一
个肯为别人付出的人才能得到更多。

前任通用面粉公司董事长哈里布利斯告诉他的推销员："不要只想着你的
任务，而要想想你能给别人带去什么样的服务。"一个人一旦把思想集中于为
别人服务，就会更加有激情和干劲，因为没有人会拒绝一个尽心尽力为自己解
决问题的人。

拿推销来说，如果每天早上工作前你这样想：我应该怎样更好地去帮助别
人？而不是我今天要推销出去多少货，那就更容易找到一种新的交易方法。因
为推销实际上是满足他人的消费需要，只要用一种帮助他人的心态去思考，
就能很快发现突破点，从而做成交易。很多推销员之所以不成功，就在于他
们总是想着一己之利，而不是从他人的利益需要出发。一个好的推销员，会
帮助他人活得更愉快更潇洒，在此基础上，再去收获自己应得的回报，这才是
推销之术的最高境界。

一个人不愿给予别人，只想自据自有，是因为他不知道给予的意义和
价值。

10. 不要辜负了上帝的好意

在你没有尝试之前，一定不要认定什么事情是不可能的，你一定要相信自
己能。就算你尝试了，你还要有第二次、第三次，以及更多次的尝试，最后你
会发现，其实你确实能够做到。

这里有一个典型例子。

汤姆·邓普西是一个先天畸形的人，他从生下来就只有半只右脚，
右手也畸形。但他并没有因此比别人落后，父母总是让他做其他孩子都

在做的事，他也从来没有因为自己的残疾而感到不安。

他参加童子军团，别人走十里，他也同样走完十里。后来他发现自己的橄榄球踢得特别棒，比其他男孩子踢得都远，于是找人专门设计了一只鞋子，经过踢球测验后，他得到了冲锋队的一份合约。但是教练委婉地告诉他，他并不适合做职业橄榄球员。之后他加入新奥尔良圣徒球队，教练也同样对他表示怀疑，但是他的自信和勇敢还是让教练颇有好感，于是决定给他一次机会。

在两个星期后的一次友谊赛中，汤姆·邓普西出色的表现让教练对他刮目相看。他在这次比赛中踢出了55码远，从此他便在圣徒队踢球，在那一季中，他共踢得了99分。那天球场上坐满了6万多球迷，在比赛只剩下了几秒钟的时候，球队把球推进到45码线上，已经没有时间了。这时候教练大声说："邓普西，进场踢球。"于是汤姆进场了，他知道，自己必须踢得足够远。

邓普西一脚全力踢在球身上，只见球笔直有力地飞了出去。6万多名球迷屏息观看这激动人心的一幕！终端得分线上的裁判举起了双手，汤姆一队以19比17获胜。球迷们疯狂地喊叫着，这最远的一球让他们兴奋无比，而这么精彩的球竟然是只有半只右脚、右手也畸形的邓普西踢出来的，这简直太难以置信了！

人们脸上满是惊讶和佩服，他们向这个球员表达着发自内心的赞赏，而邓普西只是微笑。他从心里感谢他的父母，是他们不断地告诉自己"你能做什么"，在他们的眼里，从没有不能做这句话，所以他才有勇气改变自己，创造了了不起的纪录。

每个人生来就被赋予无限的潜力和可能，这是上帝对人类最大的恩赐。区别在于，有的人相信自己能行，敢于尝试，充分发挥出了自己的潜能，创造了神话；很多人则悲观消极，故步自封，辜负了上帝的一片好意。

11. 培养乐观精神

乐观的态度是一个人在生活中点滴积累和着重培养的，我们应该注重以下几方面：

（1）**突破自我**。每个人都向往翱翔蓝天的雄鹰，而不愿做困在笼中的鸟。那么，就给自己自由吧！不要再被消极和痛苦绑住了手脚，一个乐观主义者，才能经受得住人生的考验，也才能享受生命的美好。当你与那些实事求是的现实主义者在一起时，你会感到自己真正存在着，你会发现自己的价值，找到人生的目标，而不会痛苦于自己应该做什么，能不能做好。不要落入自我编织的网，走出来你才能拥有更广阔的人生。所以，当你选择朋友时，应该去亲近那些大度务实的人，寻找两个人共同的价值观和人生追求。对于悲观主义者，你要学会远离，因为他们只能让你的人生被消极的情绪充满。

（2）**应对情绪低落**。人生都会遭遇不幸，当情绪低落时，可以走访一下孤儿院，当你看到那些无助的孩子如此可怜，你还会觉得自己是最痛苦的吗？没有消极的人生，只有消极的思想，你永远不会是最不幸的那一个。和那些同样遭遇的人接触，去体验别人的处境，你的心境和态度也会改变。上帝给每个人一些不幸，只有经受住痛苦的人才能到达天堂。在困难面前，你只有把自己锤炼得更坚强，命运才会叹息着服从你。

（3）**学会放松身心**。早上起来浏览一下报纸，以最快的速度了解到可能对你生活产生影响的事件。不必花时间去看别人的悲惨故事，那些只是促进了报纸的销量。你应该去了解一下你的行业或者家庭生活，以便更清楚自己所面临的形势。在上学或者上班途中，听听音乐，陶冶一下情操，给心灵片刻的宁静。最好能和一位心态积极者一同进餐，那会对你很有益。忙碌一天回到家，不要把电视机当成你的消遣，和你爱的人倾心交谈，彼此亲近。

（4）**改变你的习惯用语**。很多人有爱抱怨的习惯，抱怨实际上是助长了消极情绪。工作结束后说一句"忙碌一天，现在终于轻松了"，而不要说"累坏了"，遇到问题时，应该想"嗯，应该这么做……"而不是"我的上帝，怎么会这样啊？"尤其是在团体中，爱抱怨的人只会惹人厌烦，大家都希望听到他人真心的赞美，看到周围的人满腔热情，谁也不喜欢和一个每天无精打采的人一同工作。

（5）**适应变化**。没有谁的生活是一成不变的，有些变化是我们无法掌控的，必须接受，有些变化是我们为了自身更好的发展必须作出的。变化就意味着未知和风险，不要害怕遭遇预料不到的事件，要勇敢地应对各种危险状况和新鲜的事物。更不要躲藏起来拒绝改变，那样只会让你成为一个懦夫。只有在一次次的变化与成长中，才能培养出坚定的自信心。

（6）**珍惜你自己的生命**。当你来到这个世界，就已经成了独一无二的一个人，无论伟大或是渺小，你注定与众不同。你的生命有着它特殊的意义，它是你最应该珍爱的东西。不要以为一句简单的"解脱"很潇洒，实际上你完全可以这样想：现在已经是最坏的情况了，不会比这更差了。乐观的心态可以帮你渡过难关。你所交往的每一位朋友，你去过的每一个地方，你听闻的每一件事情，这些都存留在你的记忆中。这是多么美妙的事情！当你这么想的时候，就能愉悦地思考，愉快地生活。

（7）**从事有益的活动**。一些休闲活动对人的身心健康大有益处。你可以去郊外感受大自然，观看一部有教育意义的电影，选择有价值的电视节目，阅读优秀书籍。这些活动对于塑造自身有实际的作用，它能让你提高自身文化涵养，达到内心与外界的一种平衡。

（8）在思考及谈话中表现出好的一面。你的言行反映的是你的思想，当你每天抱怨自己头痛、感冒、擦伤这些小毛病时，它们就会经常地来问候你。你越是在意的东西，就越会表现出来，并在你脑海中无限放大。每天对自己作积极的自我暗示，习惯于多看好的一面，有利于形成一种积极的生活态度。在教育孩子方面，这一点尤为重要。有些父母非常关心孩子成长中的健康与安全，过多地注意到负面的东西，结果孩子成了一名精神病患者。

12. 暗示的力量：经常使用自动提示语

自动提示语不是固定不变的，只要能帮助我们保持积极的心态，激励我们积极地思考和行动，这些词语都可以经常地出现在我们的生活中。比如下面的句子：

凡是我能想到的并切合实际的，我便能够做到。

如果你相信会有那样的结果，就一定有那样的结果出现。

思想决定行动，你心里怎么想的就会怎样做。

我发现我的生活在一天天好起来，我很满足。

不要再做梦，现在就去做，梦想就能变成现实。

不管我以前是什么样子，或者现在是什么样子，假使我能以积极的心态应对一切，我就能变成我想成为的人。

我感觉自己健康并且快乐，这非常棒！

这些具有激发性的词句的暗示，经常坚持使用，都可以使我们保持积极的心态，经常使用便能融入身心，形成一股强大的势力，抑制住消极悲观的思想，从而帮助我们达到目标。当这些语句逐渐成为我们心神的一部分，就会不自觉地影响到我们的行动，然后这种无意识会折射到意识中来，我们会有目的地控制自己的思想，指导自身的行动，从而掌控自己的命运。

◎ 提升自我，
你先要清晰地认识你自己

★ 寻找自身的定位

古希腊伟大的哲学家苏格拉底提出了"认识你自己"，这实际是一种自我意识的体现。一切伟大成就和财富，皆源于同一个意念，即我们的自我意识。

自我意识是一个人对自己的身心状态及与周围环境的关系的认识、体验和期望，表现为自我认知、自我体验、自我控制三部分。"我是一个什么样的人？""我是谁？"这些都是自我认知的问题，它是主观自我对客观自我的一种感知和评价。这种评价是自我意识的核心，一个人只有对自身有较为准确的评价，才能保证人际交往的正常进行。

自我体验包括：我对自己是否满意？我有什么价值？我能不能接纳自己？当主观自我的期望得到满足，就能产生积极的自我体验，否则就会产生自我不满的否定体验。一般而言，一个人自我体验的好与坏，是建立在过去的成功或失败、他人对自己的反应和评价、自己与周围环境的协调度、他人与自身的比较等各方面基础上的，特别是一个人的童年经历，都对自我意识的形成有重要影响。

一个人有了明确的自我认识和自我体验，就会对自己的心理活动进行调节，并对客观自我进行改进和制约，以期达到主观自我所期待的目标。

自我意识一旦形成，它就会紧随我们左右，影响着我们的生活。它指导着我们的思想和行动，我们的一切活动都依据它，很少去怀疑它的可靠性。自我意识的积极与否，决定着我们自我激励或是自我否定。它就是一幅我们为自己画的肖像，一旦画出来，就会成为真实的情景。

另一方面，如果你一直认为自己具有成功人士的潜质，那你就会不断看到一个意气风发、积极进取、勇于挑战的强者在前方召唤。你会告诉自己"我现在做得很好，相信我可以更好"，在这种积极的自我暗示下，内心受到鼓舞，便能感受到自我价值以及尊严感、愉悦感。这种肯定的自我意识会产生强大的推动力，督促人向着理想的自己迈进，那你当然会成为现实中的成功人士。

自我意识是引领我们人生航向的方向盘，其正负决定我们的人生是成功还是失败。自我意识的形成有以下特点：

1. 一个人的自我意识体现在外在的行为、感情和举止上

人的智力是有很多先天因素的，生来聪明的人毕竟是少数，很多人认为自己愚笨而一事无成；相反，那些本身并不是太聪明但是能够把自己变聪明的人，往往能突破先天的局限，取得令人难以想象的成就。这就是自我意识的强大力量。

一个人把自己想象成什么样的人，就会按照什么样的方式行事。这种潜意

识的影响是深入而潜移默化的，也许你做了很多努力却无法改变这种方式，因为你没有形成一种积极肯定的自我意识。一个认为自己数学不好的孩子总会得低分，因为他想让成绩单印证他的想法。

自我意识是做一切事情的前提。一个信心满满的人做事情多是坚决果断、雷厉风行的；一个相信善良的人总是表现出对别人的友好；一个挑剔自己的人多会感情受挫、抑郁沮丧。当你到了新的工作环境，如果你认为自己适应能力强，便能很快胜任工作，而那些认为自己能力有限、不堪重任的人，只会畏畏缩缩地躲在角落，终将与成功无缘。人一旦有了成功的自我意识，就会以一个成功者的标准去要求自己，那么改变自己只是一个过程。而失败懦弱的自我意识如若不能改掉，失败的种子也就根深蒂固。不管是企业家、教师还是学生，自我意识向积极的方向改变了，他的工作成果也会发生奇迹一般的变化。

2. 自我意识可以改变

我们发现，改变某种习惯或个性往往相当困难，原因在于这种改变只是表面上的，只改变行为模式而不去优化意识结构，这是没有多大意义的。许多心理咨询也只是试图改变特定的外部环境、生活习惯或性格缺陷，而从未涉及意识的层面，当然也就不会有什么效果。

自我意识心理学先驱普莱斯科特·雷奇就认为，个性是"一套思想体系"，思想与思想之间必须一致。当与既定体系不相符的思想侵入，就会遭到排斥而不被相信，也就不能起到对行为的引导作用；相反，与这个体系相一致的思想就容易被人所接受，形成指导人们行为的意识的一部分。这套思想体系的中心就是一个人的自我意识，也可以叫自我理想、自我观念。为了证明自己的观点，雷奇用几千名学生来作了一个具有说服力的实验。

有一个学生，一百个单词能拼错一半，很多课程都不及格，连第一年的学分都没能拿到，但第二年却成了全校拼写最好的学生，而且各门课程成绩优秀。另有一个成绩很差的男孩子退学，后来竟成了哥伦比亚大学的优等生。一个女学生，四次拉丁文考试都不及格，与辅导员交谈过几次后，却以相当高的分数通过了。一位男生，在英语考核中被断定为"英语能力欠缺"，他却在第二年的学校文学奖中获得候选人资格。

这种让人惊奇的例子很多，这些学生之所以发生如此大的转变，不是智力或基本能力提高了多少，而是改变了不恰当的自我意识。之前他们的表现是这样的：考试砸了，他们会说"我真是个失败的人"，而不是"这次测试失败了"；他们喜欢说"我不及格"，而不是"我这门课不及格"。他们从内心判定自己是一个错误的人，而不是就事论事地认识自己，给自己一个客观的评价。

然而雷奇认为，学生学不好某个学科是因为他认为自己不适合，并不是课程本身有多么困难，其心理的作用影响巨大。如果改变了这种消极的自我认识和评价，学生对待课程的态度也会发生相应转变，当然学习能力也就提高了。于是他从改变这些学生的个人意识出发，通过沟通让他们获得一种积极的自我意识，结果是他的"自我意识"理论得到了充分的证实。

积极自我意识的建立是一个不断完善的过程，我们首先必须有一个适当而又现实的自我意识伴随着自己。要学会接受自己，不管有优点或者是有缺点那都是真实的自己；要有健全的自尊心，有荣誉感和明确的目标；必须相信自己，就算在你最糟糕的时候，也要给自己信任；不断地肯定自己，发现并且承认自己的价值；提醒自己做一个真实的人，尽情地展示自己，并让自己与现实环境相适应，不要躲避和隐藏真实的自我。

有计划地对自己作一个认识，可以通过自我观察或者借助心理老师，在充分认识到自身优势和弱点的前提下，积极地寻找应对的方法。

当你认识了自己并且作出改变的时候，自我意识也就趋于完善和稳固，你就会体验到一种良好的感觉。这种感觉会让你变得自信，你肯定自己的存在于是愿意去做"你自己"，并且能够自由地表现自己和发挥作用。如果你意识中的"我"是一个被否定的对象，个体就会把它隐藏起来，不让它有所表现。外在的我压抑本真的我，二者就会产生矛盾，自我意识达不到平衡，正常的人际交往也会受到阻碍。

每一个人都渴望收获丰富的人生，有幸福，有成功，有喜悦，有宁静，我们不断向着崇高目标前进。实际上，这些体验正来自于我们积极创造的过程。我们要有力量挖掘自己的潜力，当我们相信自己能够做到，我们就会为之辛勤付出，直到获得满足感，体验到自信和成功的感觉，这就是在享受丰富的生活。落魄不是最重要的，如果因为落魄而自我贬低、自甘堕落，压制自己的能力，浪费天赋的才能，使自己陷入忧虑和自我谴责中，那才是对生命最大的浪费，也是放弃了自我发展和自我完善的可能。

这样的人生不可能丰富，它将被忧郁和恐惧充斥。

★ 提升自我意识的诀窍

培养积极的自我意识不是一朝一夕就能完成的，在这个漫长的过程中，掌握一定的规律和诀窍，才能够有较快的进步。

1. 学会自己爱自己

我们都想要别人更爱自己，那么，为何不自己爱自己呢？一个人必须首先自己把自己当回事，别人才不会看轻你。如果一个人决定出售自己，那他最起码要值上几千万元。没有人愿意给自己标一个低价位。所以说，没有你的允许，任何人都不会觉得你很低贱。

二战时期的选美皇后贝蒂格莱柏以"百万美元的腿"而闻名，原因是她为自己的腿投保了一百万美元。看一下这双一百万美元的腿与你的腿有什么实质区别吗？没有，区别在于她比你更重视自己的这双腿，使它拥有了一百万的价值。

在一份杂志上，刊登过一幅价值百万美元的油画。你肯定惊讶："一幅画怎么会那么值钱？"答案非常简单，因为这幅油画有很高的艺术价值，他是荷兰画家伦勃朗亲笔所画。还有，伦勃朗是几百年才会出现一个的天才画家，他的天赋是上帝所赐，他的才华让人们望尘莫及。人们崇敬他、赞美他，充分肯定了他的才能。

地球上的生灵千千万万，但没有两个是完全一样的，你就是最独特、唯一的一个，再不会有第二个你。因为你的独一无二，你便拥有别人不能替代的价值。即使是天才，他也只是造物主作品中的一件，上帝在创造天才的同时也创造了你。在上帝眼中，你和那些天才同样的珍贵，你们都被赋予别人不具备的才能，都有在这个世界存在的意义。所以，替上帝好好爱你自己，珍惜你身体的每一寸。

2. 避免庸俗便是高尚

一件事情一旦进入了我们的心灵，就会产生一种效用，这种效用可能是积极的也可能是消极的。如果是一件有激励作用的事，它也许就会激发人的创造性，使我们在未来有所作为；一件负面的事情，就有可能让人走向毁灭，本来可能成功的希望，就会马上消失掉。

我可以举一个例子。当你看《巴黎最后的探戈》《大法师》等"X"级片或电视节目时，你会感觉到一种强烈的冲动冲击着你，让你想与影片中的表演者一样去破坏、去发泄。你在性方面受到的刺激就如同身体上的真实体验一样。受到这种刺激的人一般不会想到自尊心、羞耻感，因为见到了同伴的下流行径，自己的价值观念和心理防线会不自觉地松懈。窥探到别人欲望的同时，自身的欲望也会借机爆发。

很多这类影片以"成年娱乐"的名义，为未成熟观众提供宣泄和窥探的工具。某些有暴力或变态倾向的人，便是被这些庸俗腐烂的东西侵入身心，使人格发生病变和扭曲。

社会上那些假借宗教名义进行的占卜活动，表面看起来没有什么大的影响，实际上会让一些人渐渐迷上它。他们把占卜师的话奉为《圣经》，因为占卜师的"今天不适合出行"而改变原有的做事计划，依靠几张塔罗牌决定运气的好坏。这种方法是由于古老的人们对外部事物缺乏足够的认识，为方便活动而发明，在今天如果还信奉这种毫无依据的谬谈，那就太滑稽可笑了。

3. 向已经成功的失败者学习

你千万不要认为成功是一件遥不可及的事情，看一下下面这些例子你就会知道，成功者和失败者只有一个重要差别，这就是毅力。

世界上最伟大的男高音卡罗素曾经一直无法唱到高音，就连他的老师也多次劝他放弃，但他仍然坚持练习，终于突破了自己；受人敬仰的林肯经历过人生的重大失败，但他从未把自己当成一个失败者；发明大王爱迪生幼年时被老师评价为劣等生，在试验成功前，他失败过一万四千次；诺贝尔奖得主爱因斯坦曾经是个数学不及格的学生；福特汽车公司创始人亨利·福特在40岁时遭遇了破产。

从这里你可以看到，那些成功者全都遭遇过失败，他们也沮丧过、自卑过，之所以现在受人瞩目，原因就在于他们从不曾承认自己失败，他们的成就得益于坚持不懈的努力和对自我的认同。

在美国的推销员中，那些最成功的员工，在之前却是漏掉签单最多的倒霉蛋。沃尔特·迪士尼在最穷困潦倒时拥有了米老鼠，而且经历了七次破产，他曾经面临精神崩溃。一个优秀的长跑运动员，他只不过是在别人休息和放弃的时候跑得更起劲的人。

所以，不要再卑微地仰视那些成功者，你和他们一样，生来就被赋予同样的机遇和权利。你必须意识到这一点，人都会失败，关键是他如何走出失败。一个不能说服自己克服失败的人才是最大的失败者。如果可以，去参加一些积极有益的组织，在这样一个有共同目标的氛围中，你会被引向一个良好的发展方向。这能够帮助你形成一种积极的自我意识。在组织成员中，你有机会接触更广泛的人群，也就多了向失败者学习的机会。

在交往中你会发现，他们的智商和能力并不高于你，甚至有的人和你遭遇过同样的失败，这样你便获得了自信的自我意识。当下次碰到同样的问题时，你就会告诉自己："我所面临的问题那些成功人士也经历过，这没什么，我具备和他们同样的能力，我一定能行的！"

4. 朋友是你的一部分

看一个人是否优秀，就去看看他身边的朋友；一个人能走多远，看他与什么样的人同行。朋友是我们生活中不可缺少的角色，每一个人身上都带有他周围人的影子。一个人更多地和德行高尚、积极上进的人在一起，就能受到良好的熏陶和感染，从而成功的概率就大；相反，如果你周围的朋友只是会叼着香烟寻衅滋事的小流氓，那你也不会有什么出息。在人际交往中有这样一个规律：跟什么样的人交往，我们就会不自觉地成为什么样的人。

在美国和中国创业的过程中，我见到过各行各业的男女，他们初入销售界的时候几乎无一例外地内向、害羞、自信心不足，但是仅仅几周后，他们就发生了可喜的变化，他们开始敢想敢做，变得十分自信和有能力，往往能给企业创造更多的价值。

通过分析原因我们发现，这些人其实过去一直生活在消极和被动的状态中，由于本身表现不突出而没有自信，周围的人更是对他们瞧不上眼，他们不断接受到负面的信息，消极的因素在自我意识里长期积淀。而当他们走进新的工作环境，他们所看到的、接触到的是积极向上的人们，他们感受到的是一种充满热情的氛围。他们听培训老师、同事、经理讲述积极的案例，学习成功的经验，并且每天看到这种积极的结果在发生。周围的人全都对他们说，他们能做什么，并且怎样才能成功。

在这样的环境下，他们很容易体验到成功，并且发现自己的可爱，他们慢慢开始喜欢自己、肯定自己，并且感到自己的做法很棒。所以他们立刻就会改变自己的心态，丢掉消极自卑的自我。

请记住这一点：你的大部分的思想、行为举止和性情，都来自周围人的影响。一个人的智商，也与他所生活的环境和所接触的伙伴有关。

在以色列的克伊布兹，有人作过这样一个实验。东方犹太儿童的平均智商为85，欧洲犹太儿童为105，这说明欧洲的犹太儿童比东方犹太儿童天生聪明。但是把他们放在克伊布兹四年以后，他们的智商平均都达到了115。原因是克伊布兹当地崇尚学习，那儿的人们有着强烈的学习愿望和良好的学习环境，在这种积极氛围的带动下，孩子们智力得到开发是理所当然的。

这真是一件令人兴奋的事。幸运的是，我们有权利选择自己所处的环境和所交往的人。多跟那些品行良好、心态积极、喜欢看到事情光明面的人交往，那你所得到的好处会十分惊人。

歌德说："读一本好书，就是和许多高尚的人谈话。"书籍是人类的另一种朋友。它能在你阅读它的时候，不知不觉中影响你，并且这种影响是相当强大和深远的。当你读爱迪生、读《飘》，不受到感动简直是不可能的。当你看到书中人物的成功，想想他们的磨难，你还会觉得自己是个可怜虫吗？把自己跟故事中的人作个比较，你就会发现自己并非一无是处，身体中潜在的力量会督促你改变自我意识。从成功人士的身上，你会预见到自己同样有一天会获得成功。多读一些演说家和教育家的话语，能让你在困境中获得重生。一本书、一场演说、一幅画、一部电影，只要是能使你得到提升的东西都是有益的，都是你应该去靠近的。你一定不能忽视周围坏境对你的影响，这对你自我意识的形成意义重大。

5. 相信自己能行

很多事情，只要你想做，就能够做到，大多数时候是你的意志不坚定，对于事情的认识不够深刻而盲目畏惧，才导致失败。

当你着手一件困难的工作，你潜意识里会有一种"不可能""行不通"的想法，这不是真的不行，是你的思想在作怪。我们说心智决定行动，每个人的身体里都贮藏着未加利用的潜力，当你相信自己能的时候，你就会冷静下来认真思考，这个时候你才会看清事物的真实情况，从而找到解决对策。

通过有效的行动，你就能达到自己所期望的目标，创造奇迹。你应该怀有这种想法：我怎么想，事情就会怎样变化。你要坚信自己是一个有才干、头脑聪明的人，当你大声对自己说"我认为能，我就能"，一次次重复，这句话就会注入你的意识之中，你会发现自己越来越自信了。不要让"不"字出现在你的头脑中，它会像恶魔一样吞噬你积极健康的心态，让你慢慢否定自己，最终沦入消极无为的境地。抹掉"不"，没有"不可能""不会""不行"，让这些消极的词汇在你的字典中消失，代之以"我能行"的心理暗示。

一个人的能力有时是难以想象的。人如果能够尽力做到每一件能力所及之事，那必定会取得伟大的成就。正如爱迪生所说："如果我们能做到所有我们能做的事，我们会使自己大感惊奇。"由此得知，我们所能做的事多是连自己都想不到的，因为想不到，就更不可能去做，白白地浪费掉天赋的才能。你想让自己体验这种惊奇吗？那需要你把自己的潜能毫不吝啬地释放出来。相信那颗脑袋的创造力吧，它堪比一台马力十足的发动机，你不利用它，永远见识不到它的威力有多猛。在重要的时刻，它会让你对自己刮目相看。

如果你在问题面前总是抱着"不可能"的观念，这其实是一种愚昧无知。你可以分析一下，那些不可能因素是否像你想象的那样坚不可摧。当你冷静思考的时候就会发现，所谓的不可能只是你的一种情绪反应而已。你必须抛开自己的主观臆断和情绪化的思维，以实事求是的眼光看待问题，才能找到其中微妙的突破口，克服那些你之前认为的"不可能"。一个不去争取成功的人，能够为自己找到成千上万个理由，这实际上就是不成功的借口，你败给了自己软弱的心智。你必须清楚一点，**这个世界上，除了你自己，没有任何人、任何事能击败你**。

★ 正确认识自己

"人贵有自知之明"，一个人能够公正准确地认识自己，是一种难能可贵的品质，而这恰恰是健全的自我意识的基础。完整的自我认知包括两方面，即自我的认识和评价以及他人的评价。一个人在对自己进行剖析和认识的过程中，必须忠于自己的内心。你可以使用尽可能多的词汇来描述自己，以保证自我评价不会偏激和片面。接下来，换一个角度，观察一下他人眼中的我，父母、老师、爱人、同学朋友、兄弟姐妹，在这些不同的人眼中，你具有不同的样子。总结这些描述中共同的特征，归为不同的类别。这些描述的范畴越广，对自我的认识就越全面，就越能找到真正的自我。

在现代企业中，人才大致可分为两个类型，一种人们称之为"动力型"，一种是"平衡型"。简单地说，动力型的人喜欢从事积极紧凑的工作，有很好的感染力，他们喜欢在工作中掌握主动；而平衡型的人更像一个管理者，他们更加擅长于运筹和规划。

在美国，有两位律师合伙开设了一家法律事务所。两个人分工明确，其中一个只负责准备审理案件所需要的诉讼资料，从不在法庭上抛头露面；另一位律师则负责出庭应诉。两位律师都很积极地工作，只是各自的表现方式不同。

假使你想在自己所从事的行业占据一席之地，首先要清楚自己是哪种类型的人，适合什么性质的工作，才不至于使自己的工作与自己的天赋和能力产生偏颇。了解了自己的倾向，才能确立一个正确的目标。如果你是一个思维比较缜密的人，我想一份主管的工作会很适合你。要是你被人安排出去推销商品，那可能会很令人沮丧。同样，一个处处活跃的人更适合从事销售或组织类的工作，他们大都热衷于新鲜事物，有着无限充沛的精力和热情。假使要他们待在办公室作策划，那会是一种痛苦的折磨。这种人适合担任更有挑战性的工作以满足他的野心。

这个道理，在你与他人合伙中也是要注意到的，你如果对你的合作伙伴作一下分析，并设法让每一个人的工作符合他的本性，他们便能在自己的职位上发挥所能。那些盗用公款的人，多数是属于"推动型"的人，如果让他们担任最适合于自己的工作，他们也许就能抵挡住这种诱惑了。

一个人只有在做自己热爱的事情的时候，才会全身心地投入，与自己的个性相符合的工作做起来才会得心应手。可悲的是，大部分人并没有体验过这种感觉。人们在选择工作或做事业的时候，考虑最多的是有利可图，从金钱的角度来衡量该做什么，而不是结合自身个性与能力。

这种选择，可能会带来预期的后果，财富和声誉也许会一个接一个，但是物质上的成就并不是我们追求的最终目的。一个人真正伟大的成就，是使个人天赋得到充分发挥，使内心获得安静与平衡。要得到这些，你必须要去从事自己最喜欢的工作。

★ 积极的自我体验

在对自己各方面有较清楚的认识后，你必须敢于接受眼前最真实的自我，用一种积极的眼光去审视自己，多发现有利的一面，建立一种积极的自我体验，才能对自身进行有效的自我控制。

一个接纳自己的人，才能发现自身的独特性，从而知道自己能做什么，要做什么，应该去做什么。当你从过去的失败中总结出经验和教训，你会体会到愉快感。同样，你在过去的成功中也能获得幸福感和满足感。无论得失，实际上你都能从中获得积极的体验。

我想说的是，请关注你的优点，并将这些优势一点点积累，每一个闪光点会在你的重视下强大起来。而这些就是你今后成功的资本。缺点是每个人都无法避免的，甚至有些难以改变，你盯着它们只能让自己头脑混乱且无所适从。那么，为何不把注意力转移到对自己有益的事情上呢？

★积极的自我提升

人最大的敌人是自己。每一个上进的人都是在不断超越的过程中锻造自我，我们克服困难、超越他人，却不曾想到，其实最应该超越的是自己。在成功的道路上，有一个最强劲的对手其实就是你自己，你必须敢于同他挑战，并且战胜他。

两个相较量的选手，我们发现有底气、有信心的一方总是更容易击败对手。我们首先应该在心理上战胜自己，相信自己能够摆脱挫折。抱着必胜的信念，成功的砝码就会大大增加。

其次，对自己提出新的要求，不断地提升目标。昨天的成功记录的只是昨天的辉煌，你必须不断地挑战自己的能力，才能创造一个又一个辉煌。在这个过程中，你会认识到自己潜力无穷。追求成功的路途就像是一次登山活动，你每爬一步，就会比前一步站得更高。当你认为爬到顶点时，还有更高的山顶在等着你。你要有勇气把自己推到比昨天更高的地方去。

不要认为今天成功了，就可以享受美好生活了。记得给自己一些危机感，创造锻炼自己的机会。假使现在你感觉自己处在人生最倒霉的时刻，那么看一看下面这位朋友的亲身经历，你会发现情况还没有坏到让你活不下去。

一个朋友这样对我说：

若干年前，我实现了人生理想，似乎得到了我想要的一切。我所从事的建筑事业正如日方升，生活舒适，有精致的住宅和两辆新车子，还有一艘帆船，婚姻幸福，家庭美满。可是突然有一天，我遭遇了人生中难以想象的打击，股票市场瞬间崩溃，我所建造的楼房一夜之间便无人问津。为了偿付巨额利息，我很快花光了所有储蓄。在我以为情况不可能再坏的时候，妻子却说要和我离婚。我感到万念俱灰，不知如何是好，绝望之下，我乘着我的帆船南下前往佛罗里达州。当我到达新泽西州海岸时，我突然转向正东航行，直接朝大海奔去。

那一刻，我靠在栏杆上心想，就让海水吞了我吧！突然间，一个大浪将船高高托起接着又疾坠下去，我感到自己的脚触碰到冰冷的海水，身体失去了平衡。双脚渐渐下到海里，我祈求上帝。正在这时，我抓住了栏杆，艰难地爬到船上。上帝啊，这是怎么回事，我可不想死。我在心里暗自庆幸。

从那时起，我知道我必须振作，只要我还活着，就一定能重建自己的生活。坏事情已经发生了，我只有想办法渡过难关。

那么，怎样才能使自己渡过难关，走出人生的低潮呢？以下几步，能够帮助我们更好地战胜自我。

1. 学会释放情绪

人在自己的生活中，不可能始终情绪高昂，更不要说在人生经历了不幸时。悲伤的情绪是每个人都会出现的。伤心的时候，流眼泪能让你的内心得到很好的宣泄，减轻你的痛苦，所以伤心一阵子是很有作用的。

当然，如果你是一个不太会掉眼泪的人，你可以多做做运动，从事一些发泄性的体育活动，跑步流汗的感觉能让你清楚地知道自己在干什么，当你体验到快感，你不会忍受一个消极颓废的自我存在。一位女士在儿子自杀后精神紊乱，在和朋友参加过一段爵士乐运动班后她说："当我听着音乐舒展身子的时候，那种感觉很美妙，它能让人忘掉心事。"

2. 与他人交流

当你决定改变现在的状况的时候，你需要知道下一步怎么做，而过来人的经验能很好地帮助到你。你可以去参加一些团体，这样你将有机会接触不同处境的人。当然，能遇到一个聊得来的是再幸运不过的了，他会成为你很好的倾听者。

3. 阅读书籍

书籍就是你的良师益友，再没有比它更加忠实的同伴。阅读优秀书刊能够让你得到启发，甚至震撼你的心灵。在糟糕的境遇下能够静下心来阅读的人，是聪明和受人尊敬的。

4. 写日记

养成这样一个好习惯吧，它会使你终身受益。把你的不幸写下来，然后看看它们到底有多严重。当你战胜了他们，把这个过程写下来，相信在你下次遇到挫折的时候，一定会从中获得抚慰和智慧。

5. 安排活动

想想看，当你的日程被排得满满的时候，你还会有心思胡思乱想吗？人生中有许多值得你去做的事，比如一次旅行。不要再拖延了，现在就背上行李包出发吧！当你投入一件又一件事情的时候，你就有勇气勇往直前、再创辉煌了。

6. 掌握新技能

一定不要让你的人生落入俗套，生活需要不断地保持新鲜感。如果你感到生活乏味，就去选一门新课程吧，你可以学习打打球，写写诗，新的爱好能让你的生活充满活力，你也可以拥有不同于以往的人生。

7. 及时地奖励自己

一个人最大的满足感来自他人和自我的肯定，在别人肯定你之前，先给自己肯定。当一个人极度痛苦的时候，连最简单的洗澡、吃饭似乎都变得困难，你可以把每一件事当做一种成就，即使是微不足道的，比如用一顿美美的晚餐奖励自己。

8. 不要沉溺于痛苦

痛苦会因为你紧盯着不放而大大加重，真正摆脱痛苦的方法是将痛苦转移，一个人通常在度过创痛期后开始有所作为，原因是他们的意识观念发生了转变。许多人去创设组织、写书、参与公众活动，在这个过程中，他们不仅体验到帮助他人的快乐，并且觉得这是个使自身痛苦得到缓解的有效方法。

那位朋友的故事还没有完：五个星期后，我驾着我的帆船到达迈阿密。这次看似逃跑的旅程却给了我一种新的生活方式。每天都有必要的体力劳动要做，大量的闲暇让我有时间来思考人生。虽然具体要怎么做我还不能确定，但是当船从风浪中脱离出来时，我就已决定重新来过。我心里仍然能感觉到伤痛，但更多的是对未来的期许。这个时候，父亲打来电话："亲爱的孩子，可以考虑一下写作，别忘了那可是你最拿手的。"我接受了父亲的建议，如今我在这里写给你看的便是。父亲是对的，能够重新来过感觉真好。每个人都想收获成功的人生，得到很多美好的东西。没有人愿意在别人的白眼下过卑微的生活。那么，你必须首先给自己勇气去战胜挫折。

信心的力量就是如此强大，只要你相信了，就没有什么不可能。

也许你认为你已经从挫折中走了出来，觉得挫折也并不可怕，但是看看前方，你有勇气在未来重塑自己吗？你必须拥有这样的信心，才能重建属于自己的罗马帝国。成功就是一个不断经历失败的过程，失败——成功——再失败——再成功，这是成功永远不变的模式。

◎ 运用宇宙法则，
激发你的无限潜能

★ 充分挖掘你的潜能

1. 挖掘自我潜能

每一个人的身体里都有着相当大的潜能，就看你想不想去挖掘。前面我们提到爱迪生说过的一句话："如果我们能做到所有我们能做的事，我们会使自己大感惊奇。"你可以问自己这样一个问题："我有没有使自己惊奇过？"

我们说积极的心态会使人走向成功，是因为它能让我们潜在的能力得到充分发挥，这种能力所产生的效果往往是让人难以预料的；消极的心态因为阻碍了我们潜能的发挥，所以经常是白白地浪费掉成功的机会。

一个人的才能，可能在前期因为各种原因受到了压制而得不到施展，但是只要一有机会，这种潜在的能力就会伺机爆发。不管在你眼前的困难有多大，只要你对自己的能力充分肯定，并发挥你的所能，解决困难就容易得多了。

一个人内在的才能确实比他表面看起来要多很多，这些可能是你自己连想都不曾想的，不在一种特别的时刻，它根本就不会让你察觉出来。

一位勤劳的农夫有一个聪明过人的儿子，虽然年龄只有14岁，但这个男孩已经能操控一辆客货两用车了。他对车子非常着迷，请求自己的父亲让他驾驶这辆车子。农夫同意了，但是不准他去外面。农夫注视着车子快速地开过眼前的土地，突然间，车子开到了沟里并且翻了。农夫极度担心自己的儿子，因为他被压在了车子下面。他快速跑过去，跳进水沟，猛然把车子抬起来，以便救援的人能够把儿子抬出来。当医生赶到后，发现男孩只是受了点皮肉伤，身体并未受到严重的伤害。

看到这儿，农夫这才放下心来，突然想起自己刚才的做法很是奇怪，这么重的车子，怎么会被自己一下就抬起来呢？于是他再试一次，却根本动不了那辆车子。

正在一旁为儿子诊治的医生说，这简直就是个奇迹，唯一合理的解释是：身体机能对紧急状况产生反应时，肾上腺就大量分泌出激素，传到整个身体，产生出额外的能量。据报纸报道，这位农夫并没有多么强健的体魄，他身高170厘米，体重70千克。如此看来，这真是一件吸引人的怪事情。

这件事告诉我们一个重要事实：人的身体在危急情况下会产生一种超常的力量，人的体内蕴藏有极大的潜在的能量。当然，使这种潜在力量爆发的原因，从根本上来说是一个人的心智和精神的作用。

2. 潜能释放的练习

我们发现，那些具有吸引力的人大都是敢于表现自己、崇尚自我个性的人，由于他们在内心里对自己持肯定态度，所以乐于展现自己，他们总是处于一种思维活跃的状态，似乎做任何事情都随心所欲，我们对这种人感到羡慕的同时会为之感染，这就是个性的魅力。还有一种人，你和他在一起会很不舒服，这种人带给人的感觉大部分是羞怯、敏感和充满敌意，还有人则是与之相反的脾气暴躁、没有耐心。

观察深层次的原因就会发现，这些人往往内心受到了强烈压制，也许是以前的失败或者各方面的因素，让他们不愿接受现在的自己，更不希望在别人面前表现自己。他们喜欢把自己锁在内心深处，拒绝相信那个真实的自我，这种行为加重了内心能量的消耗，使这些人疲惫不堪、思维也几乎停顿。这就是心理学上所讲的不良个性。

一个人的潜能也许很大，如果被激发出来，他可能会作出惊人的成就。但是一旦潜能被压制，人就会表现出退缩、懦弱等一系列让人厌烦的特征，从而难以与人相处。你需要正确对待别人的否定或批评，不要因为别人的一句"不行"就从此不再尝试。如果你对陌生环境、陌生人心怀恐惧，或者时常焦虑紧张，对周围环境不适应，表现在身体上会失眠、说话颤抖、眨眼频繁等，在处理事情时总是左思右想、最后找了种种借口让自己停在原地，这就说明此时的你已受压抑太重，你总是因那些不必要的考虑而过于谨慎，从而限制了自我个性的发挥和自身能力的提升。

如果你因为内在的潜能受到抑制而导致不能成功，这会是非常不幸和让人失落的。为了避免这种不幸，从现在开始，你必须有意识地去解除这种压制。你完全没有必要那么拘谨和认真过了头。学会让你的思考服务于你的行动，而不是成为行动的束缚。

1. 练习一

（1）不要一直去想"我该说什么"，张开嘴巴去说就对了。想得越多，就会使你所受的压制越深，虽然并不经常正确，但敢说比不说总要强上百倍。

（2）不要沉迷于作计划和构想，更不要让计划阻碍你的行动。在你行动之前，你永远不会确定知道它是对还是错。试着去尝试这样做：在行动中纠正你的行为。这个看起来不怎么合逻辑的行为模式，实际上能更好地开动你的大脑。事先预计的错误未必会在实际操作中发生，而出现最多的往往是当初你认为怎么也不会发生的。

（3）不要过分地自我批评。一些人习惯于这样和自己对话："我想我这样做太不应该了。"刚刚后悔过刚才的事，转而又说："我怎么会说出刚才的话的，也许别人会有错误的理解。"他们总是让自己沉溺在一种自我批评、自我责备的状态，即使一个简单的举动，他们也能发挥那少有的想象力，找出错误。对他们来说，说话做事是一种痛苦的折磨。我们知道，有意识的适当的自我反省和自我批评是十分必要的，但是一个人如果经常不断地进行自我猜测、作一些无休止的自我分析，就只会扰乱自己的心智，最终只能导致行动失败。

（4）**改变你的语言习惯，在恰当的时候你要大声说话。**科学实验发现，大声喊叫能够解除压抑，调动起人体内的全部潜能。比如我们经常看到运动员在比赛开始前的几秒钟会大喊一声，都是相同的道理。那些受到压制的人多表现为说话声音细小、语言组织能力差，明显的自信心不足。而成功者说话声音有力、语言干脆利落，做起事情来无一例外地表现突出。因此在你开口说话的时候，记得大声，再大声，可以有意识地使你的声音比平时更大些，能够有效地解除掉深藏在内心的压抑，充分释放出你的潜能。

（5）**表现你的爱憎好恶。**受压抑的人每说一句话都有诸多担忧的借口。他想要表现对异性的爱慕，怕别人说自己自作多情；他想和某人建立良好的关系，又担心别人把那当做阿谀奉承或者认为他别有用心。其实你完全不必想到这些，每个人都有他独特的价值观念，你应该对你认为的事情表现出好恶，这才是正常而且正当的，因为上帝也赋予了你欣赏或厌恶的权利。

2. 练习二

在这里介绍一种实用的方法帮助我们有效地释放潜能，即循序式肌肉放松法。这种放松运动一点不难学，你只要掌握如下要点，一星期之后便能知道自我放松的要诀。

（1）安排30分钟时间。

（2）安排一个宁静而最好是黑暗的房间，内有一张舒适的床或沙发。

（3）穿着宽松的衣服（如睡衣）或将自己的紧身衣裤解松，然后睡或躺在床或沙发上。

（4）深呼吸三下。每一次吸入后，尽可能地忍气不呼出，并全身紧张，然后握紧拳头，这一过程是让你体会到紧张的感觉。在每一次忍受不住时，再将气缓缓呼出，尽可能导引自己有"如释重负"之感，这一过程是让你体会到松弛的感觉。

（5）尽量感受紧张的不适感与松弛的舒适感的强烈对比，领受松弛的妙处。

（6）按身体部位逐一发布"松弛的自我催眠命令"。这些部位依次序是手指及手掌、前臂、手臂、头皮、前额、眼、耳、口、鼻、下颚、颈、脖、背、前胸、后腰、肚、臀、耻骨，以及生殖器、大腿、膝、小腿、脚及脚趾。你依照这些部位的次序，发布以下的指令："放——松——松——弛——我现在感到非常舒畅……我（部位）现在是非常的松……弛，我明显地感觉这部位有一种沉重而舒服的感觉。"

（7）在向自己发布这些命令的同时，你要尽量体验全身松弛的感受。

（8）当完成手指到脚趾的松弛过程后，想象一股暖流由头顶缓缓地流到你的脖子、胸、肛、腿，以及脚尖。这暖流带来的舒适感，大大地加深全身的松弛程度。

（9）静静地躺在床或沙发上，尽情享受这难得的松弛，体会这状态的美好。

（10）除了第九步没有时间限制之外，前面由手至脚整个逐步放松的过程需要大约6至7分钟。如果你在不到6分钟的时间内完成，说明你还未能达到松弛状态。

要点：

①假如（1）和（2）的环境不许可，你应该"弹性"变通一下。

②保证在这段时间内没有外界骚扰。

③在第（1）中之所以安排半小时的时间去做一个7分钟左右的程序，是为了保证你不为时间所限而尽量放松。有一位工程师坚持练习此放松术，不仅矫正了他相当严重的语言缺陷，其逻辑思维和工作才干也得到惊人的提升，并逐渐培养出了温顺待人的态度和冷静的处世方法，越来越得到周围人的赞赏。

3. 练习三

人类历史上许多伟大的人物之所以取得常人难以企及的成就，成为巨人、先驱，他们有一个共同的特点，那就是敢于走常人不敢走的路。伽利略、富兰克林、达·芬奇、爱因斯坦、贝多芬、罗素、萧伯纳、丘吉尔等等，他们在许多方面与普通人一样平常，唯一的区别，就是他们敢于向那些无人问津的领域和问题发起挑战。

人们对陌生事物的恐惧多来源于无知，因为不了解便觉得神秘而不可触及。实际上，一旦你敢于探索那些陌生的领域，便能体验到生命中的种种乐趣。那些有作为的成功者，不仅是对所研究的领域有着强烈的兴趣和专业的技能，他们更是从不回避挑战和困难。他们渴望新鲜事物给他们带来新的观念、新的生活方式，那种体验让他们感到刺激并且丢掉恐惧。

人不能一直停留在一种固定不变的模式里，我们需要一种更新的眼光来审视这个世界，并且证明自己的能力。也许我们认为做某些事情好似异想天开，于是不去一试。但是，想象一下当你以一种全新的思维去从事一项充满神奇的活动，那会是非常有趣的体验，而且，这会使你收获难得的勇气。施魏策尔说："人类的一切都不会使我感到陌生。"如果你充分地相信自己有能力去进行一项活动，实际上你就有这个能力。

一旦你有了尝试新鲜事物的决心，你必须强迫自己摒弃掉那些压抑自我的观点，这些压制潜能的东西会让你在尝试的过程中遭遇失败。你不可以赞同和苟且偷安，改变所可能带来的不稳定和未知，应该像汉堡包刺激乞丐的胃一样让你兴奋。你也不能够认为自己脆弱而且不堪一击，因为勇气是人类与生俱来的品质，你要让这种才能充分施展出来，成为你奔向成功的资本。任何荒谬和软弱的念头都应该从你脑袋里清除，这是你成功的第一步。

对于思维活跃的人类来说，单调的生活会像病菌一样吞噬他们的脑细胞。当你厌倦了现在的生活，意志力就会被削弱，你的心理开始消极。你失去了对生活的兴趣，还有可能导致精神崩溃。但是，当你在生活中试着去接触新的领域，你又会发现不一样的人生。

在这个过程中，你会经受各种心理上的考验和成长，当你抱着必胜的信念，你的心理就会在新的环境中变得更加健康而强大。

很多人不去尝试新事物的时候，他们有这样一个借口："我为什么要去做这件事呢？它能给我带来什么或者让我失去什么？"其实并不是做任何事情都需要理由，只要你愿意，你有探索的欲望，你就可以去做任何一件事。

在你还是一个孩子的时候，你可能和一只昆虫玩上一小时，那时候你并没有问过自己理由，只是因为你喜欢。现在你面临的世界充满了无数像昆虫一样让你感兴趣的东西，你却止步不前了。只是因为找不到理由。想想这是多么的可笑！对理由的过分热衷会阻碍你个性的发展，让潜能无法得到发挥。

所以如果你愿意，你可以想怎么做就怎么做，仅仅去做它，没有理由。这会带给你一种全新的思维方式。

4. 练习四

我们发现，很多富人其实生活得并不快活，因为他们总是担心某一天他的财富会遭遇到不幸。金钱、房产、汽车这些物质财富当然能给人们带来安全感，但是这种安全感并不是持久和强大的。真正的安全感来自内心，一个相信自己能够应对任何将要发生的危险、对未来抱有信心和希望的人，才能获得内心的安全感。

那么，怎样获得内心的安全感呢？

首先你要正确地看待物质。财富当然能保障你优裕的生活和较高的社会地位，但是财物最终是会耗尽的，金融市场的任何波动都可能使你在瞬间变得一无所有。这个时候，你那些依靠财富堆积起来的安全感也会突然崩溃，你的人生从此或许会一团糟，千万富翁沦为流浪汉。你大可以勇敢地相信自己，没有了物质财富看看自己还能不能活得下去。

想象一下你正在看这本书，突然被一股奇异的力量带到了索马里，你被剥光了衣服，留在一片荒地上。你没有钱，没有通信工具，除了你自己外一无所有。真的是很糟糕，怎么办呢？这里的人你全都不认识，甚至不能交流，这里的气候、风俗习惯让你难以忍受，我想你总不会等死吧，你应该想点办法让自己生存下去。那么，找一些吃的住的，然后去结交新朋友，你的生活还是会重新开始。如果你只是躺在那儿哀叹自己的不幸，上帝也不能帮你。外部事物带给你的安全感根本不足以支撑你很好地活下去，当外物被剥夺，只有内心强大的你才会毫不畏惧，勇往直前。

真正的安全感的定义应该是：你自信自己能够应对各种窘迫的局面。那些有着强大的内心安全感的人，并不是事事都预先制订好计划，他们只是不惧怕未知，勇于尝试新事物，所以敢于冒险，事事走在前面，也更容易有成功的机会。

5. 练习五

自我暗示可以让你发自内心地去做一件事，你不需要过多地动用意志力就能使目标成为一种本能的心理需求。它会让你带着强烈的意愿去从事某项活动，从而更快达到目标。

自我暗示并不是一种简单的提示，你需要牢记以下原则：

（1）**积极：**很重要的一点。避免在你的话语里出现"穷""糟糕"等词汇，一句"我不会是穷人"虽然目的是积极的，但是"穷人"的观念已经印在你的潜意识里，试着改为："我一定越来越富有。"

（2）**简洁：**作为暗示的句子一定是简单有力的。比如"我相信我会梦想成真"等等。

（3）**可行性：**如果要你说出的话有力量，那它必须是切合实际能够达到的。你大可以满怀激情地告诉自己"我今年要赚到100万"，但是如果情况是你最多只能赚到30万，这样的暗示就会与内心发生矛盾和对抗，也就没有了意义。

（4）**想象：**想象着自己富有的样子，然后默念那些有力的话，此时那个富有的你会在你的脑海中定格。正如勃生特在他的《富豪的心理》一书中所说："你永远不会致富，除非你能够在脑海中见到自己富有的模样。"

（5）**感情：**意识要融入充分的情感才能产生最佳的效果，有效地指引行动。如果你浑身充满力量地去想象自己健康强壮，如果你在想象自己成功的时候，过往的失败犹如刚刚亲历，我想你的暗示是发自内心的，因为上帝保佑每一个有梦想的人。

★ 潜能的巨大力量

1. 一盏吊灯启发伽利略的发明

一盏吊灯，许多人都见过却并未多加注意，而这恰恰引起了伽利略的观察兴趣，并造成了他的重大发现，由此产生了古老的钟摆原理。

一天，17岁的伽利略走进当地一个天主教堂。这个神圣的地方让他若有所思，他抬头环视，天花板上悬挂着的那盏灯让他突然间忘记了周围的一切。他望着那盏由于一根绳索的断落而摇摆不定的灯，脑子开始飞速旋转："灯的摇摆、长摆和短摆，应该不是同时发生的吧？"紧接着他默数自己的脉搏，想要验证他的这种猜测……他最终实验的结果是：凡是振动，不管其振幅大小，周期总是一定的。

根据上述实验结果，伽利略得出了著名的钟摆原理。一个伟大的发明仅仅来源于一个常见的生活现象，这就是求知好问的力量。

我们来看一下其他伟人们。法拉第发现了电磁感应原理，而使电气发动机和电流传达变为现代最有力量的东西；贝尔发明了电话；马可尼发现了无线电。这些伟大的发明全都来源于发明家们强烈的求知欲和独特的思维方式。他们所拥有的智慧仓库并不比常人大，但是制造的东西却比常人多很多，让我们来分析一下这里的原因。

他们的成功说起来很简单，那就是他们充分地动用了自己头脑的每一寸，每当他们的眼睛看到有客人进来，并不是简单地问候一声，而是会不断地问：

"你是谁？你进来做什么？你为什么会是这个样子的？你好像和别人不同？或许你能让我发现点什么……"他们总是乐于这样发问，从不觉得乏味。他们问"为什么"的习惯已经像疯了似的无法控制，因为他们脑子里有这样一种意识：你不晓得问题存在就不能够解决问题。

我们的大脑被如此神秘地构造出来，它绝不仅仅是个仓库，你必须把一切进入的事情加工整理，在你需要的时候你可以找出来。

当然，虽然他们的问题如此之多，但并不是要拒绝某些东西的进入，他们这样做的目的只是在作一个较为详细的盘查，并且有效地训练自己的感知。他们欢迎那些打扮怪异的东西，问问题也只是想了解得更多。而且时间长了他们总结出来一些经验，千万不可目空一切或者粗心大意。有些时候，重要的客人常常衣着朴素、不露声色，而实际上，他们也许很伟大。

每一个发明都是发问的结果，而发明本身就是问题的答案。并不是每一个问题都能产生出发明，你必须不断地问，不断地回答。当你问得足够多时，你便会被引导到最紧要的问题上去，然后你就应当付出努力去解答。

无知的人多半是不喜欢问问题的，但实际上懂得问问题的人才不会无知。如果我们因为问问题而被说成愚蠢，很多时候原因只是被问的人无法回答，我们的问题会让他出丑。就像父母总是在答不上孩子的问题时便不许他再问，一个知识并不渊博的包工头也是害怕工人多问问题的。当然，会发问是一种艺术。一个人必须选择在适当的时候问问题，而且不能够纠缠或对他人故意取笑。美国电力公司老板斯泰因·麦兹说："如果一个人不停止问问题，世上就没有愚蠢的问题和愚蠢的人。"

2. 铸造专家麦克兰因为发问获得成功

并不是每一个问题都能得到圆满回答，在我们询问问题求取答案的过程中碰钉子是很常见的事。那么，我们该如何面对这种不幸的结果呢？著名的铸造专家大卫·麦克兰就曾经因为问问题丢掉了20份工作。他讲过这样一段事情："我们在同一个铸型中做了50个铸物，每一次都会有20个左右的铸物坏掉。我对此作了仔细地记载，包括每一次铸造的日期。铸型是同样的，金属也一样，程序也是同一模式，可每次都有将近一半的铸物不合格。然后我去找工头理论，我认为是金属之中掺杂了某些别的元素，所以使铸物发生了变化。"

"好的铸物和坏的铸物所用的金属不是一样的吗？"他显得很不耐烦地问我。

"哦，是的，既然金属是一样的，那应该得到同样的结果。可现在情况并不是这样的。假使我们能找出原因，会减少很多浪费。"我充满热情地陈述着我的观点。

"令我没有想到的是，工头立即辞退了我，理由是我超越职权。"

这真是一件倒霉的事，麦克兰不止一次像这样被辞退。但他并没有停止发问，相反，他始终坚持对有所怀疑的事情大胆提问，最后他获得了成功。事实上他的问题并没有错，是他问错了人，因为那个人并不晓得该怎么回答而且也不想回答。

那么，问问题所需要的技巧便是问该问的人，你必须找一个真正知道答案的人。去纠缠那些不晓得真相的人只会浪费掉时间，并且他们会因此不高兴。当然，你可以换一种方法，自己去寻找答案，这也是最好的方法。任何一个成功者都不会将别人的话当做最后的判断。不管什么问题，只要想解决，就会全身心地投入。他们不会因为别人说不能解决就以为真的不能解决。

爱迪生是一个从童年时期就爱问"为什么"的人，他试图为每一个问题找到更精确的答案。一天他在路上遇到一位朋友，发现朋友的手指关节肿大，忍不住发问："怎么会肿呢？"朋友说他并不晓得原因。爱迪生又问："你怎么会不晓得？那医生晓得吗？"朋友说医生们给出的说法大有不同，多半认为是痛风症。爱迪生好奇地问："那可以告诉我什么是痛风症吗？"朋友解释是尿酸淤积在骨节里。爱迪生建议说："我想你可以把这些玩意取出来。"朋友很是失望地告诉他，医生们并不知道如何取，因为据他们说尿酸是不能溶解的。

爱迪生感到非常生气，他不相信，他就像一头被红布诱惑的斗牛一样，义无反顾地把自己埋在了实验室。他用试管试验尿酸能否溶解，仅仅两天时间他就得出了结论。他看见有两个试管内的尿酸已经被化学液体融化。不久后，一种在医治痛风症中被普遍应用的成果问世了。

爱迪生一生都在和"为什么"打交道，他虽然没能让自己提出的每一个问题都得到答案，但是他所得出的答案已经多得惊人。最重要的不是得到答案，而是要让自己保持一种求知的状态。

组织美国羊毛公司的威廉·伍德说："得到真正教育的唯一方法便是发问。我们只学我们要学的，你之所以问一个问题便是因为你想晓得它的答案，因为你想要晓得，于是心里便记得，所以一个时时产生问号的头脑是一项很大的财产。"

3. 不耻下问是通行全世界的成功准则

许多人不喜欢问别人问题，是因为不想承认别人比自己懂更多。当一个人不能放下自傲心理，就很难快速找到解决问题的方法。然而另一方面，假使你把注意力全部集中在寻找答案上，你会发现心理障碍根本不值一提，就像乞丐也可以大谈人生哲学一样。

菲尔得就是一个善于发现知识和答案的人，他曾从一个看门人那里获得了宝贵的知识。由于经常接触，看门人和顾客的关系非常融洽，一些重要客人的情况他也都能了解到，当然他最精通的还是店铺知识。菲尔得约看门人来温泉区休养，并且利用这个机会和他充分交谈。他似乎一天到晚都有问不完的问题，真希望自己能多出一个脑袋把看门人的东西全部装进去。

这种学习知识的方式真是别有趣味。如此看来，获取知识并不是非要拜访名师、询问智者，你完全可以在你的周围发现比你懂得多的人，你可以不用惊动任何人而从各个方面得到你想要的答案。就算你请教的那个人身份卑微，你的态度也必须诚恳。让别人感觉到你对他高深知识的承认和敬佩，别人才会乐于向你敞开心扉，你也才能从别人身上得到知识。

千万不要抱着一种"我完全了解"的态度向别人请教，如果你只是想要炫耀自己比旁人知道得多，那你还是不要问得好。事实上你应该承认这样一点，这个世界上有许多事情是我们不了解的，这需要我们去学习，一个常年帮佣肯定比你晓得更多的家务常识，几分钟的简单聊天也能让你从她那儿学点什么。如果你企图通过交谈来证明他人比你愚蠢，那你只能偏离成功越来越远。

好奇心是人们与生俱来的天赋，它只有在被充分利用的情况下才能发挥积极的作用。卡伦博士精心策划了如下问题，你可以据此判断出自己是否尽可能利用了好奇心？是否善于抓住机会？

你是否尽量用好奇心证明你是一个很活跃的人呢？

你是否充分利用了你的好奇心想要知道事件的一切以及与事件有关的事？

关于科学、经济、艺术、道德或历史的书能激起你的好奇心吗？是否这类读物都引起你好奇的行动呢？假使不是如此，你的心智便容易变得不留神和空虚无物。

如果你是在一个舶来品商店做店员，你会对店内各种不同的货品如丝、羊毛、棉花等货物的出产地产生疑问吗？

假使你是一个教师，你是否持着你的好奇心研究各种教育原理，并且在班上亲自试验过呢？你是否为有些孩子聪明、有些孩子愚笨而感到奇怪？

假使你是一个机械师，你是否因做了应做的事便感到满足了，或是对于整个儿的机械有一种研究的态度？

假使你身为父母，你曾把你的子女当做一种有兴趣的问题加以研究过吗？记录他们的特性，寻出他们生存的原因，以及研究如何训练他们。你知道现在有儿童训练法这门科学，以及关于这类题目的许多书籍吗？

好奇心也可以使我们变为无价值的忙碌者。例如我们跑到窗口去看什么人在敲对门邻居的大门，私拆别人的信件，偷听别人电话中的谈话，或是从门缝里偷看等——这都是滥用好奇心的举动。你的好奇心是否经过训练，使你只用正当的方法对于正当的事情起好奇心呢？

对你周围的东西保持一种探索的兴趣，相信你会寻找出问题，那些困难矛盾的地方，正是需要你发问和研究的。

认识到有很多事情是你可以去学习的，甚至地位低微的人也可以提供给你很有价值的参考。

记得与别人交流，那些奇思妙想一定会让你惊叹人脑的伟大！一个喜欢讨论的人，他们往往更容易进行一些更加透彻的思考。

★ 积极进取的潜能量

1. 进取心是成功的基本要素

进取心能让一件事情在没有压迫的状态下被主动去做，有进取心的人不因别人的吩咐做事情，他们总是清楚自己该干什么。胡巴特对"进取心"作了一个简单准确的说明：

这个世界愿对一件事情赠予大奖，包括金钱与荣誉，那就是"进取心"。

什么是进取心？我告诉你那就是主动去做应该做的事情。

仅次于主动去做应该做的事情的，就是当有人告诉你怎么做时要立刻去做。

更次等的人，只在被人从后面踢时，才会去做他应该做的事，这种人大半辈子都在辛苦工作，却又抱怨运气不佳。

最后还有更糟的一种人，这种人根本不会去做他应该做的事，即使有人跑过来向他示范怎样做，并留下来陪着他做，他也不会去做。他大部分时间都在失业中，因此，易遭人轻视，除非他有位有钱的老爸。但如果是这个情形，命运之神也会拿着很大的木棍躲在街头拐角处，耐心地等待着。

你属于上面的哪一种人呢？

一个真正有着强烈进取心的人，他不喜欢拖延，把上个礼拜的甚至上一年的事情拖到明天再去做，这是永远不会发生在他们身上的。这种啃噬人意志的坏习惯，我们必须彻底地革除，否则你终将难以取得成就。

2. 少去埋怨

现实和梦想总是有很大的差距。也许你想成为百万富翁，却还日日食不果腹；也许你想环游世界，却买不起一张船票。看吧，这个世界是如此的不公，那么，你要屈服于这不公，还是一定要实现自己的梦想？看看你的周围，那些不令人满意的东西实在有着很大的发展可能。当然这种可能一开始也许很模糊，就像你的志向，你必须去丰富它、激发它，它才会越来越清晰地呈现在你面前。

梦想的作用绝不仅仅在于它被实现。一个梦想的价值体现在它能让你发现别人所不能看见的机会。那些大人物的童年时代大都充满了各种奇妙的幻想，他们善于利用这些幻想去开动自己的大脑，训练自己的知觉，且往往能够沉浸其中。当未来的人生中出现这样的机会，他们便能很敏锐地觉察到，从而抓住它。

钢铁大王卡内基在他15岁的少年时代，便对弟弟谈起他的种种伟大的志向，他热衷于设想自己组建了一个公司，然后赚到很多的钱，这样他们便可以给父母买一辆马车。

这种游戏让年幼的卡内基和弟弟越来越沉迷于自己的梦想，在他们做这种"设想"游戏的时候，似乎梦想一天比一天近了。他被催促一直努力地往前工作，直到机会真正来到，他便能够真真切切地把它抓住，就如同在游戏中一样。理想就这样变成了现实。

当佛冯兰在火车上做煤炭工人的时候，他说过这样一句话："你以为我做了司机就会满足了吗？我的心愿是做铁路公司的总经理。"不过当时他还没能做到司机，在铁路待了两年后，他是一个月薪40元的加煤工人。当时一个老手对他讲："你以为在这加煤炭就是发财了么？老实告诉你吧，继续在这待上四五年，然后才可以升为司机。如果你很幸运不被开除的话，就可以安然享受每月100元的报酬了，那简直美极了。"出乎意料的是，佛冯兰说出了上面的话。

他不仅说出了而且真正做到了。一份安稳的工作并没有什么好让他高兴的，在他一步步的努力下，他做到了大都会电车公司的总经理。

一个人的梦想始于对现实的不满。当你开始不满你的周围，你就会想到改变，你会希望现实达到你所期望的要求。有了这样的梦想，接下来便是勇敢的努力，让梦想和现实获得一种协调。伟人们并不是空想主义者，他们的志向总是深深根植于事实，目标让他们对当前的处境变得难以忍受，而这只能更加刺激他们奋斗的欲望。

如果一个乞丐总是抱怨上帝的不公，那他也只能做一个乞丐，把不幸或不成功归咎于外界环境的人是最愚蠢的。你的不满足应该以一种正当的方式得到发泄，它应该激发你塑造一种更广阔的人生观，你会想得到更好的，而不是怨天尤人。

人的志向潜伏在大脑的底层，如果你不经常地进行思考，便不能发现这种潜藏的力量，更不会把它唤醒以追求一种全新的人生。人只有有了目标才会更加有干劲，你要时常地问自己这样一个问题："你将来想要成为什么人？你现在是一个什么样的人？"目标能够刺激你把现在的工作做好，解决了眼前问题，你才能向理想的目标迈进。

如果你很幸运地达成目标，也不要一直满足下去，你要知道这并不是个终结。一个愿望的实现应该激励你积极地争取下一个愿望。

3. 接受批评

"伊利诺伊州的种子议员"康能先生，有一次在美国众议院演讲时，被来自新泽西州的菲尔卜斯讥讽道："这位从伊利诺伊州来的先生，恐怕口袋里装的是燕麦吧？"这种言辞犀利而不怀好意的挑衅，惹得整个议院的人哄堂大笑。没想到外表粗蛮的康能这样回答："我不仅口袋里有燕麦，而且头发里藏着种子。我们西部人大都是这样的乡土味儿，不过我们的种子是好的，能够长出好苗来。"

就是这样两句简短的反驳，让康能闻名全国，因此大家称他为"伊利诺伊州的种子议员"。他知道菲尔卜斯所说的话是事实，但并没有因此而不知所措，既然别人说的是事实，那么我为何不让大家更好地认清这个事实呢？是的，他是好像土头土脑了些，这是不能改变的，害羞和逃避也只能让别人看了笑话。于是他机智地把别人的讽刺变为称赞和同情，这是一种多么聪明的自贬！在他粗野的外表下，人们看到他是一个纯正的人。

如果在批评面前，你想要在非议声中逃走，那么批评就会像一只狗一样，你越是怕它，它越会对你不停地追赶，用恐吓声把你给吓住，让你日夜痛苦不安。但是当你转过身对着那只看似凶猛的狗，它便不再叫了，反而会摇着尾巴想要得到你的抚摸。批评就是这个样子，你只有正面迎击它，它才会被你融化和克服。

我们害怕批评，因为批评通常是真的，愈接近真实的批评愈让人感到羞愧不安。然而批评之所以被认为是可贵的，也是因为里面包含着真实。人的灵魂是高贵和有自尊的，但是我们不得不承认我们都不是完人。你要晓得自己是有缺点的，而批评便是揭发这种缺点的好方法，感谢那个批评你的人吧。

所以说，敌人的批评要比朋友的批评更加可贵些。那么，就让这种批评成为你前进的指南吧。

让我们换一种思维方式，想想那些批评你的人就算存心不良，但他批评的事情可能是真正存在的。那么，如果他本来想害你的图谋得不到实现，反而使你改进自己，那真是一件相当令人愉快的事。你在帮助了自己的同时并不需要和对方正面较量，但实际上你已经赢了。假使你因为批评和非议而难过、丧气，那就真是太便宜对方了。

那些有头脑的人总是提醒自己"我并不是完美的"，所以当他们遭遇批评，不论那是真心的还是恶意的，他们总能让自己尽可能地保持平静。不要因为遭遇批评而把全世界的人都当成自己的仇敌，这种心理相当危险。就算是大人物也难免要受到不公正的评价，甚至是无理的侮辱和恶意的诽谤，他们的仇敌要比我们多得多。一个政坛上的人物如果不受人们的攻击和怨恨，便不可能是一个大人物。民权主义者杰弗逊也曾经被人用烂泥打过，可他还是成为人人崇拜的偶像。不要在意批评者太多，一个聪明人常常能利用他人的批评更清楚地认识自己。

自以为是的人大都不能够坦然面对别人的批评，不论是对的还是错的，他们总能找到理由为自己辩护。"硬头皮的人总是那些思想简单、智力有限的人。"何不把那些批评当成一种对自己的建议呢？你应该巴不得别人对你批评，它们能让你清楚自己处于什么样的位置。在你高枕无忧的时候，你应该感谢有人让你意识到危险的存在。你可以这么理解："那些批评只是让我前进的方向更加明确了。"

所以，你大可不必纠缠于那些批评怎样伤害到了你，或者花时间琢磨别人的动机。你只要客观地来衡量批评得是否正确，如果的确是你错了，那么修正过来；假使你真的是对的，那就更没有理由因为别人的批评而没了心情。

那些打破你自负，让你头脑清醒的人，真的是帮了你一个大忙。

Part_2 只需三步，
你就可以创造奇迹

>>> 　　目标体现的是一个人对于期待成就的决心，它是可以真真正正地实现的人生追求。一个人只有知道想去什么地方，才能规划出路径及采取的方式。这就犹如一个人有了人生目标，才会为之作充分详细的计划。目标对于人生，就像空气对于生命一样，生命没有了空气便不能够存在，人生没有目标就会止步不前、毫无生机。

◎ 方向比方法更重要

★ 有目标才会成功

对于成功而言，目标就是你行进途中的方向盘。

目标体现的是一个人对于期待成就的决心，它是可以真真正正地实现的人生追求。一个人只有知道想去什么地方，才能规划出路径及采取的方式。这就犹如一个人有了人生目标，才会为之作充分详细的计划。目标对于人生，就像空气对于生命一样，生命没有了空气便不能够存在，人生没有目标就会止步不前、毫无生机。没有目标的人毫无成功可言。

假若你期待自己十年后是什么样子的，那么你现在就必须照那个样子去做，这是一个相当严肃的问题。一桩没有计划的买卖会遭遇各种各样的风险，没有目标的人生也肯定会糟糕透顶。一个不知道该去往哪里、做什么的人，就像被困住的野兽一样，只能等待着别人来安排自己的命运。

我们来作个形象的比喻，一个人的成长就像发展一家公司，你完全可以把自己看成一个商业单位。你必须让自己的产品得到认可和升级，而这个产品就是你的才能，你在它身上花费了心思，它才会回报给你利润等种种价值。下面两个步骤可以让你很有效地做到这一点：

第一，在你未来的理想中，要有这样清晰的三个板块：工作，家庭，社交。在确立未来目标的时候，你应该对这三个方面有分别的计划，以避免它们之间产生冲突。

第二，问自己以下问题，并找到一个准确的答案：我想完成哪些事？想要成为怎样的人？哪些东西能让我得到满足？

从下面的10年长期计划里，你可以找到答案。

10年以后的工作方面：

1. 我的收入要达到什么水平？

2. 我想要获得什么样的职位？拥有怎样的职权？

3. 我应该在工作中享有什么程度的威望？

10年以后的家庭方面：

1. 我希望拥有一个怎样的家庭？

2. 我的家庭要达到怎样一种生活水准？比如，住哪种房子？

3. 我将喜欢哪一种旅游活动？

4. 我希望如何抚养我的小孩？

10年以后的社交方面：

1. 我应该能够拥有哪种类型的朋友？

2. 我感兴趣并且参加了哪些社团呢？

3. 我希望在哪些社区发挥领导作用呢？

4. 我希望参加哪些社会活动？

你人生的三个方面，工作、家庭和社交是密切相关的，每一方面的好坏都会对其他方面产生影响。其中影响最大的是我们的工作，家庭的生活水平以及我们在社交中的地位，大部分取决于我们在工作中如何表现。

麦金塞管理研究基金会作过一个大范围的调查研究，希望从中找到成为优秀主管所具有的条件。他们调查的对象包括工商业、科学界、政府机关、宗教艺术领域等多个方面，对这些行业的领导人物作了大量的问卷调查。他们得出的结论是：任何一个取得成就的主管内心都怀有强烈的渴望进步的需求。

一个人一旦对他的工作怀有迫切要求进步的愿望，他就乐意为之付出努力，不然就很难做成什么大事。渴望进步的需求能激发人对所做事情完全投入，而一个人完全投入在擅长的行业里才能有成功的那一天。

★目标是构筑成功的基石

我们说追求成功好比一项庞大的建筑工程，积极的心态是成功的基础，而目标就是这所工程里的一块块砖石，帮我们构筑起成功的殿堂。目标不仅仅是为我们的人生确定一个最终追求的结果，它的作用体现在这种追求的每一个过程。它能时刻提醒你该做什么。

1. 目标使我们产生积极性

目标的作用主要体现在两个方面，首先它是你进步的前提和依据，然后是对你的一种督促和鞭策。一个射击靶才能让你看出自己的射击技术是否高超，一个目标才能给你的行动一个明确的方向。当目标实现的时候，那种成就感是非常美妙并且难以言喻的。即使是一个微小的目标，只要通过努力实现，也能让人产生心理上的满足感。随着目标的不断实现，一个人的工作和思考方式也会无意识地渐渐改变。

目标的可实现性这一点非常重要。一个人的目标必须取决于现实的情况，具有实现的可能性。你还要有一个具体的计划，以便帮助你科学合理地去实现目标。这样你每达到一个目标就会更有干劲，积极性就这样被调动起来。相反，当你不知道自己前进了多少，就会悲观泄气，索性不干了。

一个人看不到目标的时候，会导致消极的结果产生。这里有一个真实的例子。

1952年7月4日清晨，加利福尼亚海岸被浓雾笼罩着。在塔林纳岛，海岸以西21英里的地方，一个34岁的女人费罗伦丝·查德威克涉水下到太平洋中，开始向加州海岸游过去。她是从英法两边海岸游过英吉利海峡的第一个女人。要是这次成功了，她就是第一个游过这个海峡的妇女。

那天早上的海水冰凉刺骨，雾大得连负责护送的船只都看不见。时间一个钟头一个钟头过去，千千万万的人在电视上关注着她。好几次鲨鱼靠近了她，但都被开枪吓跑了。她只是在不停地游。在这种渡海游泳中，她知道最大的问题不是疲劳，而是刺骨的水温。15个钟头后，她要求别人把她拉上船，因为她感到自己已经完全没有力气了。另一条船上是她的教练和母亲，他们能看到海岸线已经很近了，告诉她不要放弃。但是此刻的她只能看到漫无边际的浓雾阻挡着视线，她根本不知道距离加州海岸还有多远。从开始出发到现在总共15个小时零55分钟，当人们把她拉上船后，她的身体渐渐地温暖起来，她感到舒适多了。但与此同时，失败的打击也让她痛苦不堪。面对记者的提问，她不假思索地说："说实话，如果当时能看见陆地，我想我会坚持下来。"

我想查德威克绝不是在为自己找借口，就如她后来说的，让她半途而废的不是劳累，不是寒冷的海水，而是看不到前进的目标。她在距加州海岸半英里的地方被拉上船，这是她一生中唯一的一次没有坚持下来的挑战。两个月后的一天，她再次游过这条海峡，并且比男子纪录还要快出了将近两个钟头。

你看，即使一个优秀的游泳选手也需要看得见目标，才有勇气完成任务。因此在你为自己设定成功的目标时，千万要让它能被看得见。

2. 目标可以让我们看清使命

每天我们都能看到这样的人，他们对自己现在的处境不满意，对周围的世界充满埋怨和叹息，但是一天天过去，他们的情况并没有得到好转。据调查，在这些心怀不满的人中，大家无一例外地渴望一种理想的生活，却有98%的人从不对自己理想的世界进行一个清晰的勾画。因此他们不知道如何改善现在的生活，他们没有一个清楚的目标去鞭策自己，只能继续停留在原地。

一位医生对寿命百岁以上的老人作过大量研究。他给听众上过这样的一课，让他们思考这些长寿的人有什么共同特点。大部分人的观点是营养搭配、运动、控制烟酒等良好的生活习惯，因为这些会直接影响一个人的健康。令人惊讶的是，医生给出的答案是，他们的饮食、运动等生活习惯并没有多少一致的地方。他们有一个共同特点是:对未来的人生目标。不论处在怎样的境遇中,做任何事情,他们都能保持一种充满活力的状态。

人生目标的作用不能保证你活到一百岁以上,但能增加你获得成功的机会。贸易巨子J. C. 宾尼说过一句话: "一个心中有目标的普通职员,会成为创造历史的人;一个心中没有目标的人,只能是个平凡的职员。"

请记住,没有目标的人,他们注定会一事无成。

3. 目标有助于我们安排事情的轻重缓急

有人说, "智慧就是让我们懂得该忽视什么东西的艺术"。日常事务中有相当一部分是与我们的未来理想无关的,拟定一个目标有助于我们将手头的工作分出个轻重缓急,而不至于忘掉最重要的事情,即对达到人生目标最有价值的事情。

4. 目标引导我们发挥潜能

曾经有过一个关于三百条鲸鱼突然死亡的报道,一群鲸鱼凶猛追逐沙丁鱼,却被沙丁鱼引进一个港湾里,困死在里面。作为海上巨人的鲸鱼竟然被小鱼引向死亡,原因是它们没有认清自己的目标,被微不足道的利益引进了陷阱。这真是一个惨痛的教训。

一个人如果没有目标,就像暴死的鲸鱼一样,他们因为小事情而忘记了自己本该做些什么。虽然有着巨大的潜能,却被琐碎的小事情分散了注意力。更明确地说,你必须全心投入在自己的优势上,当你的优势和目标达到一种完美的协调时,这些优势会进一步发展,而它们对你的成功所产生的作用可想而知。

在你实现了人生目标时,你会发现成为一个什么样的人远远比得到什么东西更加重要。

5. 目标使我们有能力把握现在

希拉尔·贝洛克说："当你做着将来的梦或者为过去而后悔时，你唯一拥有的现在却从你手中溜走了。"成功人士都是能活在现在和努力把握眼前的人。

一个目标即使重大艰巨，当你把它分解成小的目标和诸多步骤的时候，你会看到目标实现的可能性。目标虽然是期待未来发生的事情，但是它的实现只有靠对现在的把握。所以你应该为自己制订一连串的任务，并且告诉自己现在的结果就是以后的结果，每当一个任务完成，你和大目标就更加接近。抱着这种意识，你就会将精力集中在手头的工作上。你所做的每一件事都是为将来的目标作准备，你还会不成功吗？

6. 目标有助于评估事情的进展

很多人不明白自我评估的重要性，因此便不能衡量自己取得的进步。这是很多不成功者身上都存在的问题。

一个发明家制作了一个最新的模型，上面有无数的飞轮、齿轮、滑轮和电灯，只要一按电钮它们就会转动起来，灯也会亮。有人对这个奇妙的小玩意产生疑问："它是用来干什么的？"发明家说："它什么也不做，但你没发现这个机器转起来很优美吗？"没有目标的人做事情就会像这位发明家一样盲目，他对自己的发展没有一个衡量的标准。相反的，具体可行的目标能让你看到自己的进步，估算出与目标的距离，你也就能清楚下一步该干什么。

7. 目标帮我们做到未雨绸缪

18世纪伟大的发明家富兰克林在自传中写道："我总认为一个能力很一般的人如果有个好计划，是会有大作为的。"我们看到，那些成功人士总是会在事情发生前就作好计划，他们喜欢将一切提前，而不习惯等待别人的指示。他们对自己的工作拥有完全的掌管权，任何意外的事情都不会干预他们的进程。就像《圣经》中的挪亚，他也没有在下雨的时候才开始造方舟。

想想看，如果你想去一个陌生的地方，拥有一张交通图会不会更方便些呢？那么，目标就是你画交通图的一个依据。有了目标就可以对事情提前谋划，把目标分解，然后一步步地执行。

8. 目标帮我们把重点从工作本身转到工作的成果

一个人工作是否成功并不取决于做了多少，而是看他做出了怎样的工作成果。很多人常常分不清工作量和工作成果，当他们工作的时候，总以为大量的工作就会带来期待的工作成果。事实上，任何活动都不能确定带来成功，一项有意义的工作才能对成功有所助益。那么，怎样来评价一项工作是否有意义？有意义的工作都会有一个明确指向的目标。

有一个关于毛虫的例子大家都很熟悉，它的研究者是法国博物学家让·亨利·法布尔。法布尔看到一组毛虫在树上排成长长的队伍前进，有一条带头，其余跟着，于是他把它们放在一个大花盆的边上，像刚才一样首尾相接。毛虫排成一个圆形，然后像一支游行队伍一条接一条前进。法布尔在它们身边摆了些食物，来观察它们的反应。出乎他意料的是，这些毛虫似乎并没有厌倦这种毫无用处的爬行，它们甚至无视食物的存在。出于本能，它们不断重复着这种没头没尾的行为，直到七天七夜后，它们饿死在了花盆上。

你有没有觉得这些毛虫都很愚蠢呢？因为它们只知道卖力地干活，却没有任何成果，最后还送了命。生活中很多人都是像毛虫这样子的，他们遵循着原有的传统和惯例，自以为在为成功奔波忙碌，实际上却已经离成功越来越远。

拟定目标，当然就能很好地避免这种情况的发生，它会督促你定期去检查并反省自己的工作。当你把关注的重点转移到工作成效上，那种单单用工作量来填满一天的行为便变得不能接受。你成绩的大小要看你做出的工作效果，你完全可以用较少的时间和较小的力气创造更多的价值。随着目标的实现，你会清楚自己需要怎样正确地付出，这会让你找到提高效率的好办法。更进一步的作用是，这会激发你去拟定更高层次的目标，你对待自己和他人的看法也会更加理智，你将更有可能实现自己的伟大理想。

◎ 目标是如何设定的

★ 目标必须是长期的

我们知道，一个伟大的成就总是会经历漫长的挫折。当你以为你击败了困难，也许下一个困难便会在拐角出现。那么，不要懊恼，你应该清楚你不可能一次性将困难清除得一干二净，那样子成功就不再会是一件有意义的事。所以，你为自己拟定的目标也必须是长期性的。

不要埋怨总是有人阻碍你前进的脚步，实际上别人只会带来暂时的阻碍，**真正阻碍你进步的人是你自己**。因为除了你，没人会多么关心你的成功。你要清楚这一点，别人可以使你暂时停止，而唯一能坚持做下去的那个人却只有你。当你有了一个长期的目标，你便不会被短期的挫折击倒。

查理·库冷说："成为伟大的机会并不像急流般的尼亚加拉瀑布那样倾泻而下，而是缓慢的一点一滴。"不要企图在一开始就尝试克服所有障碍，你知道每一个做出成绩的举重选手都要每天锻炼肌肉，每一对想要孩子有教养的父母，都必须在每一天的生活中培养孩子的人格和信仰。

★ 目标必须是特定的

也许你很有能力，满腹才华，但是如果你没有有效地去管理它们，将它们保持在一个特定的目标点上，那只能白白浪费掉你的才能。优秀的猎人并不是向着鸟群开枪，而是每次选定一只射击。

设定目标的技巧是能够把你的期待集中在一个特定的目的上，也就是说具有一定的特殊性。你说自己的目标是"拥有许多钱"，"买很大的房子"，"一份高收入的工作"，这些都不符合目标的特定性，太过笼统的目标便没有执行力，起不到很好的激励作用。

例如房屋的"大"或"好"应该有更加清楚的细节来描述。如果你缺乏对细节的详细了解，你可以通过广告杂志来收集更多的信息。在建筑商提供给房屋样品时，你就可以比较着作参考，综合各种创意和理念。

设定目标包含着很多需要掌握的知识，你应该学会将它们运用到实践中去。

★ 目标要具体化

这一点是对目标特定性的一种延伸。比如当你还是一个孩子的时候，总是这样表达自己的梦想，"我长大了要当领导""我要成为一个伟人"，这种目标就太过笼统，你应该让你的目标具体化，这样就可以按部就班地来实施，从而容易达到目标。比如你想要学好英语，你可以每天记下几个单词或背诵一篇文章，坚持阅读英文刊物，效果就会一天天明显。

我们来看这样一个实验，让一伙人一同跳高，他们大概都跳到了6尺的高度。然后把他们分成两组，对其中的一组这样说："你们能跳过6尺5寸。"而对另一组只说："你们能跳得更高。"结果他们的成绩是：第一组的每一个人都跳过了6尺5寸，第二组却只跳出了6尺多一点。原因是什么呢？因为第一组有比第二组更加具体的目标，当然就有一个比较清楚的努力方向。这就是有没有具体目标所产生的差距。

★ 目标要远大

约翰·贾伊·查普曼说："世人历来最敬仰的是目标远大的人，其他人无法与他们相比——贝多芬的交响乐、亚当·斯密的《国富论》，以及人们赞同的任何人类精神产物——你热爱他们，因为你说，这些东西不是做出来的，而是他们的真知灼见发现的。"远大的目标可以激发人头脑的创造性，使人取得更大的成就。

成功人士之所以取得成功，远大目标的推力是不可忽视的。奥运项目的冠军、商界的杰出领袖，靠的不光是技术和谋略，关键在于他们很早就树立了伟大目标。

一个远大的目标代表着一个伟大的梦想，目标能给你使命感和责任感。并且随着目标的实现，你会对成功有更深刻的理解。当你的目标有了一定的高度，无论身处怎样的境遇，你都能保持拼搏精神，你能够自我超越，发挥出潜在的能力。

道格拉斯·勒顿曾说过："你决定人生追求什么之后，你就作出了人生最重大的选择。若想如愿，首先要弄清你的愿望是什么。"当你选择了一个远大的目标，你取得的也注定是辉煌的成就。

★ 构筑目标的实践

这个过程包括两方面：

1. **拿出一天的时间，来思考你的人生理想。**尽量避开外界干扰，不要被别人打断你的思路。你可以选择到乡间漫步，或者在一个安静的房间，总之是一个让你感到愉悦放松的地方。记得带上纸和笔，或者一本对你很重要的书。当你平静下来后，开始问自己下列问题，记录下你的答案。

（1）我所具备的独一无二的才干和天赋是什么？我要做些什么事情才能让自己比他人更出色？

（2）我最热爱的东西是什么？什么事情能让我产生激情、内心冲动？有没有我愿意克服一切去做的事情？那是什么？

（3）我有什么不同于别人的经历？它们是否带给了我特别的经验和能力？我能够凭借这个做出怎样不同寻常的事情？

（4）我所处于的时代有什么特殊性？这些独特的环境以及政治、经济条件会对我确立理想产生什么影响，或者说提供怎样的机遇？分析它们并且记录下来。

（5）我的朋友都是哪些人？他们是否优秀？与那些富有才干和热情的人交往，会带给我独自难以发现的机会。

（6）我的需求是什么？包括物质的和精神的。要知道，对于需要的渴望能激发起人内心深处的伟大理想。

（7）想象一下自己的人生，我会做出怎样伟大的事情？最有价值的那件事是什么？

当你把上述问题的答案记清楚，你就能找到自己真正的理想，也就是目标。当然这个理想并不是固定不变的，有必要时需要重新做一次，最好是一年一次，几年后你也许发现自己的理想又改变了。如果它没有改变，而且一直能让你充满力量，那么很高兴你很可能已经找到了人生的真正目标。在以后的岁月里，你还需要把它更加修正和完善。

2. 你需要定期花几个小时来回顾你最近的状况。不要担心这会耽误你宝贵的时间，这是很有必要的一步，因为你将有可能发现新的点子。在作好准备活动（同于上述第一项）后，你要开始记录以下问题：

（1）我的天赋、财力、人脉等条件是否得到了充分运用？

（2）目前的环境及形势，比如政府政策、经济状况，会对我现在的工作产生什么影响？

（3）紧接着，我能从中发现哪些机会？

（4）如果我有充分的自信和毅力，在其他条件乐观的情况下，我应该达到什么目标？这个目标一定要是远大的。

（5）在我所熟悉的人中，有没有和我目标相似的？我怎样才能与他们共同成长？

按照这些建议去做，你就可以很好地构筑起自己的人生目标。

★ 你要确定希望拥有的具体数字

我们听到很多人都说"我要有很多很多的钱"，但是这样只会让人内心盲目，沉迷于失败和幻想。你必须为你的成功确定一个具体的评价标准，比如你要挣30万美元还是300万美元，你要做游泳冠军还是射击冠军，等等。

我们可以看一下这样一个例子：汤姆和约翰同时做房地产生意，由于投资较大，他们计划向银行贷款。汤姆申请贷款120万美元，约翰则是119.19万美元。结果银行批准了约翰的贷款请求，汤姆却遭到拒绝。原因是银行觉得约翰的财政计划更加具体可行，这种人做事的态度认真仔细，事业成功的概率肯定会更大。

因此，必须在心里把目标明确化和具体化，未来才具有可视性，以及显而易见的可行性。

◎ 奇迹是如何创造的

任何一种成功都是靠一点一滴的努力得来，今天你所获得的每一点进步，都会导致以后的大成就。就像一所房子由一块块砖瓦砌成，一场足球比赛的胜利也是由每一个环节的得分积累而来，每一个科学成就无一不是一步步的重复实验创造的。因此，一切大的成就都是小成就积累的结果。

西华·莱德先生是个著名的作家兼战地记者，他曾在1957年4月刊的《读者文摘》上撰文表示他所收到的最好忠告是"继续走完下一里路"，下面是其文章中的一段：

第二次世界大战期间，我跟几个人不得不从一架破损的运输机上跳伞逃生，结果降落在缅印交界处的树林里。当时唯一能做的就是拖着沉重的步伐往印度走，全程长达140英里，必须在8月的酷热和季风所带来的暴雨侵袭下，翻山越岭长途跋涉。

才走了一个小时，我一只长筒靴的鞋钉扎了另一只脚，傍晚时双脚都起泡出血，范围像硬币那般大小。我能一瘸一拐地走完140英里吗？别人的情况也差不多，甚至更糟糕。他们能不能走呢？我们以为完蛋了，但是又不能不走。为了在晚上找个地方休息，我们别无选择，只好硬着头皮走完下一英里路……

当我推掉其他工作，开始写一本25万字的书时，心一直定不下，我差点放弃一直引以为荣的教授尊严。也就是说几乎不想干了，最后我强迫自己只去想下一个段落怎么写，而非下一页，当然更不是下一章。整整六个月的时间，除了一段一段不停地写以外什么事情也没做，结果居然写成了。

几年以前，我接了一件每天写一个广播剧本的差事，到目前为止一共写了2000个。如果当时签一张'写作2000个剧本'的合同，我一定会被这个庞大的数目吓倒，甚至把它推掉，好在只是写一个剧本接着又写一个，就这样日积月累真的写出这么多了。

"继续走完下一里路。"这真是一个简单而又神奇的方法，它让人在不知

不觉中就能创造奇迹。

实际上，实现目标有一个最聪明的办法就是按部就班。我的朋友们试过一种很有效的戒烟方法，他们称它是"最好的戒烟方法"。其实真正操作起来很简单，那就是一小时又一小时地坚持下去。在一开始的时候，他们并不需要强迫自己下决心永不抽烟，他们只需要告诫自己下一个小时不抽烟。当这个小时结束，他们的决心又被转移到再下一个小时。如此类推，直到当他们感觉抽烟的欲望减轻时，就可以把不抽烟的时间延长到两个小时，之后是一天……最后很多人完全戒了烟。

这是一个成功率很高的方法，因为它带给人们心理上的感受变了。那些想一下子就戒掉烟瘾的人通常会失败，因为永远不抽是很难的，而一小时的忍耐却要容易得多。

现在你相信了吗？实现目标的最好方法就是按部就班，一步一步做下去。对于一个推销员来说，每一笔交易的促成，都为他向更高的管理职位迈进提供了条件；一个初级职位的人，只有把指派的工作认真地做好，才能使自己向前进一步，即使那个工作看似那么不重要；科学家的每一次实验，也都给自己提供了接近真理的机会。

那些暴起暴落的人，他们的成功只是昙花一现，来得快去得也快，因为他们不具备深厚的根基和实力。有些人看似一夜成名，但你如果仔细看一下他们的过去，你就会知道他们的成功并非偶然，因为他们早已在之前的每个过程中打下了坚固的基础。

美妙绝伦的伟大建筑，全都由一块块并不美观的石块组成，成功也是如此。

目标由你自己创造，因此，它的完成也只有依赖于你，没有人能够代替。

那么，你有没有考虑好如何对付它呢？在什么时候？采取怎样的方法或行动？当你拟订好可行计划，让自己习惯于"立即行动"，而不要只是原地空想。

现在就去做！当你的意识、你的心神提示你"现在就去做"，你便会立刻投入到行动中，做自己该做的事情。这是有助于你成功的一种良好习惯。而这个习惯正是很多人成功的秘诀，它从生活中的方方面面影响你。当你面对应该做而不喜欢做的事情，你不会再拖延而是迅速地完成。当你在做自己想做的事时，这种习惯也会帮助你抓住那些一去不返的宝贵时机，使你赢回失去的过去。

Part_3 时间管理，
让你效率提高10倍

>>> 　　时间是可以被我们拿来利用的一种资源，它就像资金、人脉、生产设备一样，是我们成功的一个影响要素。它不能储存、不能逆转和再生，因而具有很大的特殊性。它对于珍惜它的人是财富，对浪费它的人是惩罚。能够有效利用时间的人就能提高时间的价值，也就等于延长了人的生命。

◎ 现在就做，绝不拖延

★做一个积极和主动的人

每一个工作，不论是个人经营还是推销产品，军事、科学还是政府机关，任何性质的工作对于员工都有一个不变的要求，那就是能够脚踏实地地执行任务。

一位主管在选拔重要职位担任者的时候，通常会考虑到这样一些问题："他是否愿意做？有没有强烈的意愿？""他能不能始终如一地把事情做下去？""在遇到困难时能否设法解决，而不是半途而废？""他是不是有很强的执行力，还是光说不做的那种？"只有在这些问题得到满意回答的情况下，他们才会聘用。

实际上，这些问题的共同目的只是要了解一个人是否"说做就做"。没有完美的计划，一个再好的构想也会有潜在的缺陷。即使是一个很普通的计划，如果能执行起来，并且在困难面前仍然坚持，也比那些看似完美的计划要有意义得多。因为做任何事情，只有贯彻始终才能见到成效，那些前功尽弃的好做法其实毫无价值。

几乎每一个行业的领导人都有这样的感受，那些起到关键作用的第一等人才十分欠缺。与此同时，很多人又感觉自己的才能得不到充分发挥。据一份可靠调查显示，社会上有许多的高级职位存在空缺。一家公司的主管就曾经这样对我形容："有很多人，他们的资历实在很好，但是在他们的工作中缺乏一个十分重要的因素，那就是贯彻力。"

商人约翰·华纳梅克时常说："如果你一直在想而不去做的话，根本成就不了任何事。"他是个白手起家的了不起的商人。那些做事"积极主动的人"不论成就大小通常都能成功，而那些"被动的人"往往庸庸碌碌。积极主动的人会不断地做事情，他们力图解决每一个问题，直到计划完成。而被动的人大都习惯于找借口，他们喜欢一再拖延，直到证明这件事情确实"不应该做""自己不具备那个能力"或者"来不及了"等。

当我们需要决定一件事情时，通常会很矛盾，到底要不要做？大部分的人会选择等待，等待着所有条件都完美、事情百分之百有利的时候才会行动。追求完美是每一个人的心愿，但是你要清楚，这个世界上没有完美的事情，如果你选择等待，那也只能永远地等下去。

成功人物并没有在问题出现以前就把它们消灭干净，重要的是，在出现问题的时候，他们敢于去面对、承担和解决。如果你想要取得成功的话，你的完美主义有必要折中一下，否则将永远陷在等待的泥潭中。你需的仅仅是一种遇水就架桥的精神。

当你面对大事情的抉择时，到底去不去做，如何解除内心的矛盾呢？下面这位年轻人的做法，会对你大有帮助。

杰米是一个二十几岁的年轻人，他和太太结婚并且养育着一个孩子，他是一个普通员工，收入也很平常。他们的住所是一处小公寓，夫妻两人渴望着能有一套环境优美的新房子，因为那样的话就会有较大的空间，小孩也有地方做游戏和玩耍，当然，还给自己增加了一份产业。

不过买房子确实不是一件简单的事，因为分期付款的首付并不是一个小数目。一天，杰米签发下个月的房租支票时变得满腹牢骚，因为租房的价格和每月的分期付款额相差无几。这样看来，买新房子是更加划算的，只要能付得起首付就好了。

杰米跟太太商量："我们下个礼拜就去买套新房子，你觉得如何？"

"哦，你怎么会想到这件事情呢？"太太觉得不可思议，"要知道，我们连首付都付不起，别开玩笑了，亲爱的。"

杰米很认真地对太太说："在美国，有几十万的夫妇跟我们一样渴望有一套新房子，但是真正能拥有房子的却只有一半，他们一定也无数次地计划过，但是总有事情让他们打消这个念头。我们不可以像他们那样一直等下去。虽然现还没有凑到钱，但是我们要想办法。"

于是他们开始留意新房子了，在下一个礼拜，有一套两人都喜欢的房子在出售，问题是他们需要凑够1200美元的首付。杰米知道他将不能从银行借到这笔钱，因为那会影响他的个人信用。该怎么办呢？突然他想到找承包商谈谈这件事，也就是私人贷款。那个承包商开始时很是冷漠，在杰米的一再坚持下，他终于同意借款，杰米每月交还100美元和一部分利息。

虽然首付解决了，他们还必须作好下一步的计划，怎样一个月多赚取

100美元？杰米和太太作了详细的收支计划表，一个月终于省出25美元，另外的75美元，杰米打算同老板商量。结果，老板很为他买房子并且能努力工作而高兴。

他对老板解释道："先生，为了买房子，我每个月必须多赚75美元才能偿还借款。我知道，当您觉得我应该被加薪的时候会提供给我更好的待遇，但是我现在需要多赚一些，以维持正常的生活。如果公司有工作需要在周末完成，我想我会很愿意效劳的，那现在有没有这个可能呢？"

老板很欣赏他的诚恳和勇气，于是真的出现了许多可以在周末完成的工作，杰米每周末加班10小时，这样他们终于住进了新房子。

这个例子带给我们怎样的思考呢？可以归结为以下三点：

1. 杰米强烈的决心让他想出了各种办法来实现和满足自己的愿望。

2. 这件事会让他更加拥有自信，下次碰到大事情的时候，他会更容易做好。

3. 他满足了自己和家庭的需求。假使他一直拖延的话，他们可能永远不能住进新房子了。

如果在事情还没开始做就为自己找好了失败的借口，那是绝对不可能成功的。一旦你有了想法，就应该立刻行动，那些为自己辩解的理由只会让你的计划埋在坟墓。然后有一天，你只能看着别人的成功懊恼不已。

我们经常会听到这样的话"如果我当时着手那笔生意，现在早就发财啦！""其实我也是那么想的，只是当时没有做。"这真是让上帝都感到惋惜的事。当时应该怎么做却没有那么做，是失败者习惯性的表现。一个好的创意，你不去利用它，用各种理由将它压制下去，触手可及的成功就这样被你拒之门外，这真是太愚蠢、太可悲了。

可是一旦你去实行，它带给你的会是无限的满足，财富、地位、经验、自信，无一不是人们所追求的。那么问问自己，你现在脑子里就有一个好的创意吗？如果有，现在就应该去做。

★ 行动会增强信心

我们发现，一个可以快速行动的人往往是充满自信的，而人们内心的恐惧感多来源于等待行动。克服恐惧感的最好方法就是立即采取行动，等待和拖延只会让你有更多的时间来胡思乱想，这只会让你变得越来越没有自信。

上面的道理可以从生活的方方面面得到证实。一个伞兵教练说："跳伞本身真的很好玩，让人难受的只是'等待跳伞'的一刹那。在跳伞的人各就各位时，我让他们'尽快'地度过这段时间。曾经不止一次有人因为幻想太多'可能发生的事'而晕倒，如果不能鼓励他跳第二次，他永远当不成伞兵了。跳伞的人拖愈久愈害怕，就愈没有信心。"

等待甚至会折磨各种专家，让他们变得神经兮兮，《时代标志》曾经报道美国最有名的新闻播音员爱德华·慕罗，他在面对麦克风以前总是满头大汗，等开始播音以后，所有的恐惧就都没有了。许多老牌演员也有这种经验，他们同意治疗舞台恐惧症唯一的良药就是行动，立刻进入工作，就可以解除所有的紧张、恐怖与不安。

这说明，行动的确是治疗恐惧的好方法。但是很多人并没有足够的聪明意识到这一点，他们应付恐惧的方法就是"不去做"，通过自欺欺人把自己禁锢起来。我遇到过很多的推销员，即使他们中最老练的人也会有怯场的时候。为了克服恐惧，很多人选择围绕在客户附近，或者干脆坐下来喝杯咖啡，希望通过这种方式让自己平静下来。但是这样往往使情况变得更糟，他们不但不能克服恐惧，常常会更加气馁和不敢行动。

当你被要求电话访问客户，你心里会感到害怕吗？那么马上拿起话筒拨通号码，你的恐惧会在瞬间消失。相反，如果你一再地拖拉，你会越来越不想打，就算有再多可能的签单你也不会碰到。

你是否一直犹豫着要不要进行一次全身的健康体检？你不去，便会日思夜想，担心自己得了什么毛病不能发现，长期的恐惧感足以使你致病。而如果你去的话，所有的疑虑都会被打消。你也许什么毛病也没有，十分健康；或者你的健康隐患被及时查出，你可以尽早治疗。

你是不是一直想要向上司表达你的想法，又担心惹他不愉快？那么请去掉你的犹豫，现在就去找他交谈，你会发现他根本没有你想象的那般恐怖。

克服疑虑和恐惧的最好办法就是——立刻去做，通过行动你才能消除烦恼、建立信心。

★行动会带动意志力

当你一想到起床就觉得内心很折磨，那起床就真的会成为一件令人不愉快而困难的事。其实你完全可以把它想象得很简单，你只要掀开棉被，把脚伸到鞋子里就好了。就算你做这个动作的时候还没有睁开双眼，实际上你已经成功地克服了懒惰。

试着做以下两项练习：

1. 用自动反应去应对那些你讨厌但是不得不做的繁琐事务。

当你看到它的时候，不要给自己时间去思考它是怎样的烦人，直接投入，你会发现在你还没来得及抱怨的时候，它已经被很好地完成了。

大部分不喜欢洗碗的家庭妇女，她们厌恶洗碗并且一拖再拖，最后不得不堆积成一大堆的时候，以同样厌恶的态度去清理好。然而有些妇女却想出了"聪明的办法"，她们总是在每次离开饭桌的时候就顺手带走盘碗，然后拿到水池中洗好。也就几分钟的时间，她们还没有感觉痛苦的时候就已经结束了。这个行为一旦成了你的习惯，你会条件反射似的去完成这些小事，而不用经历烦恼和不情愿的情绪。

找一件你认为讨厌的事，在你感到它讨厌之前立刻去做，这种方法可以有效地帮你处理各种杂事。

2. 不要指望让精神来推动你，你要去推动精神，然后才能去做。

看一下这个方法：准备一支铅笔和一张纸，把你现在的想法写在纸上，铅笔的划动会使你注意力集中。因为我们的心无法在同一时间思考两件事，当你用铅笔在纸上写的时候，你已经把它们记在心里。当然，如果你写的更明确具体的话，你的记忆也会更长久、更正确。这一点已经被许多实验所证实。

当你形成好习惯，你将很难再被吵闹或者其他不利的环境影响。思考问题的时候，尽量把它们写在纸上，灵感就会很快地拜访你，这真是一个值得一试的好方法。

★ 做事要当机立断

"现在"是与未来、以后相对应的一个词汇，它对于成功的妙用，我想是值得你去思考的。一个人说"我现在就去做"和"我有一天会做的"，产生的效果有着天壤之别。"有一天""以后""下一次"或"将来"，它们的意思等同于"永远做不到"，有很多计划正是输给了这种对于未来的天真期许。而"现在"则往往预示着实现。

"今天可以做完的事不要拖到明天。"如果你想给朋友写封信，现在就去写吧。假使你打算明天，这个明天或许永远不会到来。如果你想到一个最新的商业计划，马上讨论实行，不要等到确有必要的时候再拿来运用，在激烈的市场竞争中，你很可能在下一秒就没有这个机会了。

如果你时刻记着"现在"，你会不断地完成许多事情；如果你每在做事情前都想"将来某一天"，那只会一事无成。

★立刻开始工作

生活就是一场任意的比赛，你需要争取更多的时间，或者说在规定的时间内更有效地做事情。拖延和犹豫是不可取的，那可能会错失良机，让你被淘汰出局。

乔是一位学生，他有一个很好的计划，就是在晚上睡觉前看一会儿书。他打算7点开始看书，但是由于晚饭吃得太饱，他想先看一会儿电视消遣一下。没想到节目如此精彩，一个多小时后他才意识到自己该去看书了。他刚要去看书又给女朋友打起了电话，四十分钟后他坐回到书桌前，紧接着又接了一个电话。二十分钟后，他看到有人在运动场上打乒乓球，于是很有兴趣地打了一小时。之后他去冲洗身体，感觉有点疲倦，与此同时又感觉到饥饿，于是吃夜宵。这样一个原本打算学习的晚上很快就过去了。半夜一点钟，乔打开了书本，但是劳累的他确实需要休息了，他只好丢下书进入了梦乡。

你应该能够自我管束和自我激励，时刻告诉自己："我的时间和精力是如此宝贵，我要把它们用到真正重要的事情上。我必须马上动手，再耽搁下去，我就完蛋了。"

一家机械公司的主管在演说时说到如下内容：

"我们这一行最迫切需要的，就是设法增加'能想又能做的人'。我们的生产与行销体系中，没有任何一件事不能做得更好，也就是说都可以再改进。我可没有说目前大家做得不好，我们确实很努力，但是就像所有进步的大公司一样，我们也很需要新产品、新市场，以及新的办事程序，这要靠积极主动又能干的人来推动，这些人都是责任最大的人。"

主动是一种美德。它是你在没有任何要求或强制的情况下，自发地去做好一件事的优秀品质。具有这种品质的人，往往在哪一行业都能表现突出，受人赏识，当然进入更高级职位的可能性也就越大。

做事情积极主动，是优秀人物的共同之处，它通常表现为精明果断。当拿破仑率领军队转移了作战目标后，他在行进途中碰到了一条鸿沟，这是敌人用来阻止他前进的。但是他绝不会让任何事情改变他的决定，他率领部队英勇冲锋，直到敌人的尸体和战马填满了鸿沟，他和士兵就这样从他们身上踏过。

比利·山戴说："犹豫不决是魔鬼最喜爱的工作。"因为犹豫只会推迟你的行动，让你陷入抉择和等待中，而积极有效的行动才能让人最终得到所追求的。幻想和矛盾只会使你走向失败。

我们今天所熟知的美洲大陆，也是因为哥伦布当初决定展开那次著名的航程而来的。假使他当初不能坚持自己的决定，发现新大陆的就不会是他。

决定一旦作出来，就不能轻易改变。你必须有一颗坚持下去的心，不然注定是失败的。假使你不知道自己该向哪一方面努力，那就闭上眼睛吧。在黑暗中去摸索，要比你睁开眼睛却一无所获好得多。

◎ 如何找出隐藏的时间

★ "惜时如金"的重要性

1. 时间就是金钱

美国著名的思想家富兰克林有这样一段名言：

"你热爱生命吗？那么别浪费时间，因为时间是组成生命的材料。"

"记住，时间就是金钱。假如说一个每天能挣10个先令的人，玩了半天或躺在沙发上消磨了半天，他以为他在娱乐上仅仅花了6个便士而已。不对！他还失掉了他本可以挣得的5个先令。记住，金钱就其本性来说，绝不是不能升值的。"

你一定听到过这些富于哲理的话，它们以一种极为简单的方式阐述了时间的重要性。假使你想要成功的话，那么请不要忽视时间，时间是机遇、是财富、是成功。

如果我们说时间决定成功似乎并不合理，但是你仔细思考的话，会发现它更深层次的含义。成功和失败往往在于能否科学地分配时间，以达到对于时间最大化的利用。这一点是非常重要的。一个人不能很好地规划每天的时间，就会使工作乱成一团，虽然他似乎做工作很卖力，但一天下来并不见得有太大的收获。我们多数人都会轻视几分钟、半小时的时间，认为这么短的时间根本不可能干成什么事。但是，你完全可以想象出N个半小时加在一起会是多么让人吃惊的数字，一星期？一个月？一年？三年？实际上这真是一个让人不好计算的算术题。想想吧，有一天你会为你的浪费感到懊恼和惋惜。

时间上的差别多是十分微妙的。每天比别人多花半个小时来看书，那么你所获得的知识在一年后、两年后……会有怎样的变化呢？那么十年呢？当然，这种差别有时也会被很明显地表现出来：人们都知道是贝尔发明了电话机，但是那个叫格雷的人与他同时取得了这项研究的成功。可是仅仅因为贝尔到达专利局早了两个小时（两人并不知道彼此），贝尔就成为电话机的发明者。这当然要归结于贝尔的好运气，但这确实让我们看到了时间的重要性。

因此，时间就是你最宝贵的财产。当你抓住它的时候，好运气也就随之而来了，而浪费时间无异于浪费生命。

2. 效率就是生命

时间是可以被我们拿来利用的一种资源，它就像资金、人脉、生产设备一样，是我们成功的一个影响要素。它不能储存、不能逆转和再生，因而具有很大的特殊性。它对于珍惜它的人是财富，对浪费它的人是惩罚。能够有效利用时间的人就能提高时间的价值，也就等于延长了人的生命。也许你觉得这句话很荒谬，那么你应该看看下面这道算术题：

以人的寿命为80年来算，整个生命就会有70万个小时，其中能够用来工作的时间大约有40年，也就是35万个小时，去掉必要的睡眠和休息时间，我们可利用的就只有2万个小时。这就是我们用来实现生命价值的时间。在这个时间里，提高了工作效率就能在同等条件下做更多的事情，或者说创造更多的财富。这样看来你似乎拥有比别人更多的时间，这等同于延长了人的寿命。因此说"效率就是生命"，是完全正确而生动的比喻。

美国马萨诸塞理工学院作过一项调查，被调查对象是不同行业的3000名经理。他们通过研究发现，那些优秀的经理无一例外地精于安排时间，他们总是尽可能地减少时间的浪费。

杜拉克在《有效的管理者》一书中说："认识你的时间是每个人只要肯做

就能做到的，这是一个人走向成功的有效的自由之路。"那么，我们应该怎样有效地驾驭时间、提高效率呢？根据专家的指导和那些成功领导者的经验，我们提供以下五点方法：

（1）**要善于集中时间**。这里所要说的是，学会分清事情的重要与否，必须把有限的时间投入到最重要的事情上。你的头脑应该有足够的判断力，知道哪些工作对你而言是有意义的。你不可能每件事情都抓得住，你要能够辨别出哪些是不必要的事。当一件事情来了，你要问"这件事情是否值得花费时间去做"，不要遇到事情就做，更不要以此来获得心理的安慰，把时间填满了，就心安理得了。

（2）**要善于把握时间**。并不是付出了时间和精力就一定能成功，事情的成败往往取决于关键时刻能否完成有效的转化，这也就是我们所说的时机。善于抓住时机的人，能够以较小的代价取得较大的成果，通过一个点的变动来带动全局。不会把握时机的人，即使前面已经作好了充足的准备，也只能看着机会白白溜走，之前所有的步骤也只有白费。因此要想做一个成功的人，必须善于分析形势、捕捉时机，在关键时候正确决策。

（3）**要善于处理两类时间，一类是我们自己可以控制的时间，即"自由时间"，另一类是处在他人他事中的时间，我们称之为"应对时间"。**任何一个成功人士都是能够处理好这两类时间的人。

两类时间对于我们来说都是十分必要的。一个没有"自由时间"的人，会不停地忙于被动和应付，容易形成悲观消极的心理状态。他们没有自己可支配的时间，便不能够很好地引领自己，更不会晓得如何领导他人，因此他们很少会成为好的领导者。同样，人不可能对自己的时间有完全和绝对的控制权，没有"应对时间"的人，很容易侵犯到别人的时间，因为完全的个人自由和他人自由是不可能同时得到满足的。

（4）要善于利用零散的时间。不要因为时间的微小短暂就无视它的存在，这些零散的时间可以帮助你完成很多繁琐零碎的事，而这也是某些性质的工作所需要的。当你把可能的时间充分加以利用，就大大提高了你的工作效率。

（5）要善于运用会议时间。会议为大家提供了交流和讨论的机会，信息的沟通、问题的解决、工作的协调等都是会议应该承担的作用。合理安排会议的人就能很好地节省大家的时间，提高工作效率；反之会议就很容易落入空谈，失去意义，白白地浪费大家的时间。

★善于利用闲暇的时间

我们经常听到这样的话："等我有空了再去做吧！"给人的感觉是这位说话者好像现在很忙，他想要表达的意思，无非是自己有很多更重要的事需要做。实际上，他几乎永远不会有时间去做这件被他推托掉的事。所谓"有空"是永远不会实现的，你可能有时间去做休闲，却不会有"空"。当你躺在游泳池边玩乐的时候，你也不会认为你是有空工作的。

那些有所成就的人，有一个很聪明的做法，就是把闲暇拿来做事情。他们也享受生活，但是不贪图享乐。爱因斯坦曾组织了"奥林匹亚科学院"，在例会上，大家手持茶杯，常常是在饮茶之余讨论科学问题。有不少的创见正是产生于这种看似休闲的活动。英国剑桥大学为鼓励科学家们利用起闲暇时间，专门提倡在饮茶时进行学术思想和成果的交流沟通，于是茶杯和茶壶就成了必不可少的设备。很多懂得利用闲暇时间的人在工作之余拥有了第二个职业。

费尔马是法国图卢兹城的律师，与此同时，他以在概率论、解析几何等方面作出的贡献被公认为数学天才。大主教秘书和医生哥白尼以创立太阳系学说为自己的另一个研究课题，并且为天文学作出了突出贡献。富兰克林在印刷厂做工人的时候就开始研究电学，并且他在第二职业上也取得了成果。这些人就是人们眼中"闲不住的人"，他们往往具备一个共同的优点，那就是虚心向各个层次的人讨教经验。托尔斯泰曾在基辅公路上向有着丰富生活经验的农民请教。达尔文也一直以工人、渔民、教师为自己的指导，这对他的科学考察有很大帮助。这些科学家和革命家们有一个同样的生活准则，即不甘于休闲和享受，他们一直在寻找更有价值的事。

每个人都或多或少地拥有闲暇时间，利用它们的方式也是多种多样的。有的人选择在闲暇时间看书读报，汲取知识；有的人更喜欢置身大自然，给身心一个放松的空隙；还有人去发展人际关系，结交新朋友；进行美术创作，构思小说，这些都是对人有益的利用方式。当然，也有一些人是以一种对身心有害的方式来度过这些时间。他们坠入复杂而又没有希望的情网，或者着迷于纸牌这种低级游戏，也有的去追逐那无时无刻不在变化的时髦装束。那些生活充实的人很少会上演人生的悲剧，而从事没有价值的事往往消磨掉人的意志，让生活沦为毫无价值的平淡。

有一个关于监狱青年犯人的调查，目的是要研究他们的闲暇时间利用情况。130个人中，89%的人说他们的犯罪行为多在闲暇时间进行；63.9%的人说他们在空闲时间无事可做，感到生活无聊透顶，于是只能寻找刺激。并且在这些被调查的人里，85%的人承认他们在闲暇时结交了品行恶劣的朋友。

那么，我想说的意思已经很明显了，无所事事只会导致无事生非，造成悲剧。所以，当你感到实在无聊时，你应该去做点有意义的事。

★ 安排时间要合理

1. 不要沉湎于过去

人们讨厌现代社会的种种苦恼，渴望简单而舒服的生活。他们等待着机会的垂青，期盼有利的局面快点出现。但是成功必须具备的一个要素是：不要沉湎于过去，把握当下。

那么怎样才能抓住机会，把握现在呢？你必须心怀这些信念：

就在今天，我要开始工作。

就在今天，我要拟订目标和计划。

就在今天，我要考虑只活今天。

就在今天，我要锻炼好身体。

就在今天，我要健全心理。

就在今天，我要让心休息。

就在今天，我要克服恐惧忧虑。

就在今天，我要让人喜欢我。

就在今天，我要让她幸福。

就在今天，我要走向成功卓越。

2. 制定先后的顺序

海伦·格利布朗是《世界主义者》杂志的编辑，她有一个习惯：随时在桌上放一本杂志。每当她被诱惑去挥霍时间，做一些对工作没有帮助的事情，她就会看一眼杂志，然后立刻转入正轨。她还说："你可能非常努力工作，甚至因此在一天结束后感到沾沾自喜，但是除非你知道事情的先后顺序，否则你可能比开始工作时距离你的目标更远。"

你要知道，列入你工作日程的事情并不是同等重要的，你不可能不分先后地把它们全部做好。事实上，你只要做好那么几件最重要的，然后去做相对重要的，最后有时间的话，再去理会那些可做可不做的。相信我吧，这会是一个非常明智并且卓有成效的办法。对你的待办事项制定一个先后顺序，这一点是非常重要的。很多人也非常认真地列出了工作安排，但是效果并不明显，原因是他们在着手的时候并没有按事情的轻重缓急，来定一个合理的执行顺序。

你首先要搞清楚哪些是急需处理的事项，办法之一是为你所要做的事情规定一个数量，当数量一个个地减少的时候，你就会找到哪件事情是相对重要的，哪些是次要的。还有一个办法，是制订一张短期计划表和一张长期优先事项表，在最重要的事情上作出标记，加星号或者标上1、2、3。

现在，你已经知道了事情的重要程度，下面你可以采取行动了。需要强调的是，我们开展行动的依据并不是事情的紧迫感，而应该是它的优先程度。变被动为主动的做法才能让你取得成功。那么，怎样确定事情的优先程度，更好地开展工作呢？下面是两点建议：

（1）每天开始工作前，都要有一张先后表

著名的伯利恒钢铁公司总裁查尔斯·舒瓦普曾一度为公司的业绩烦恼，一天，他幸运地会见了效率专家艾维利。艾维利称他可以帮助舒瓦普把他的钢铁公司管理得更好。虽然舒瓦普在管理公司上并不缺乏经验和头脑，但他的公司的确不是很让人满意。

他说："应该做什么，我们自己是清楚的。如果你能告诉我们如何更好地执行计划，我听你的，在合理范围之内价钱由你定。"

艾维利解释说，他只需要给舒瓦普一样东西，钢铁公司的业绩至少会提高50%。结果他递给舒瓦普一张空白纸，并且告诉他："在这张纸上写下你明天要做的六件最重要的事。"待舒瓦普写完他又说："现在用数字标明每件事情对于你和你的公司的重要性次序。"舒瓦普花了大约5分钟来完成这一步。艾维利接着说："现在把这张纸放进口袋吧。明天早上第一件事是把纸条拿出来，做第一项，不要看其他的，只看第一项。着手办第一件事，直至完成为止。然后用同样方法对待第二项、第三项……直到你下班为止。如果你只做完第五件事，那不要紧。你总是做着最重要的事情。"

他又说："每一天都要这样做，当你对这种方法的价值深信不疑之后，叫你公司的人也这样干。这个试验你爱做多久就做多久，然后给我寄支票来，你认为值多少就给我多少。"

这次的会见时间总共也不过半个钟头。几个星期后，艾维利收到了一张3.5万元的支票以及一封舒瓦普的来信。舒瓦普说与艾维利对话的那半小时是他一生中最有价值的一堂课，并且价值不菲。

五年后，舒瓦普的钢铁厂成为世界上最大的独立钢铁厂，当然艾维利的建议至关重要，他给舒瓦普带来的财富达一亿美元。

多数人做事情，并不是按重要性去办的，他们宁可去做那些简单而令人省心的事，也不想劳心费力地去做那些实际上很重要的事。但是他们并不知道，按重要性办事情是最好的利用时间的方式。你可以去尝试一个月，我想效果是让人兴奋而惊讶的。那时候也许别人会发问："你怎么会有那么充足的时间和精力？"而你可以微笑着说："我只是把时间和精力放在了最需要的事情上。"

（2）明确了先后的顺序以后，要有一个进度表

成功者都富有长远打算，你不仅要把每天的时间安排好，把每周、每月，甚至一年的事情计划好也是十分必要的。当你看到未来的某个图像，你的方向感会更加清晰，这有助于你更快地达到目的。在每个月的第一天，看一下日历和你的任务安排，将任务填入到对应的日期中，这就是你的进度表。这样你就能督促自己有计划地处理工作，不会过于慌张也不会延期完成，当然更不会漏掉工作。

3. 写出你的目标

如果要确定一件事情是否需要优先去做，你需要问自己这样一个问题："它是否对我达成人生的目标起到重要作用？"目标会帮助你更好地区分出什么该做，什么不该做，从而更加有效地利用时间和精力。旅馆大王康拉德·希尔顿就十分重视目标的作用，并且将他的成功归于目标所产生的魔力。

1929年经济大萧条时期，希尔顿的生意受到严重影响。人们很少去旅行，更不会住进他在20年代收购的那些旅馆。到了1931年，他的债主威胁要撤销抵押权。不但他的洗衣店被典当，他甚至还被迫向门房借钱以糊口。在这潦倒之际，希尔顿偶然看到了沃尔多夫饭店的照片：6个厨房、200名厨师、500位服务生、2000间房间，还有附属私人医院与位于地下室旁的私人铁路。他将这张照片剪下来，并在上面写上"世界之最"。

希尔顿在事后形容自己的1931年："那段迷失而混乱的日子真是连想都不敢想。"但那张沃尔多夫饭店的照片自此就保存在他的皮夹里，一直激励着他努力奋斗。当他再度拥有自己的书桌后，他便将照片压在书桌的玻璃板下，

随时看着它。在事业渐有起色而且买了新的大桌子后，他仍把那张珍贵的照片放在玻璃板下面。

18年后，1949年的10月，希尔顿买下了沃尔多夫饭店。那张照片使得希尔顿的梦想有了雏形，让他有一个可以全力以赴的目标。那张照片就像是一张提示卡，如同格利布朗放在桌上的杂志一样，不断地激励他们向自己的目标迈进。

佐治亚科技大学黄夹克队的常驻运动总监荷马·赖斯，也是一个因目标而成功的人。由于赖斯卓越的成就，美国全国大学运动协会以他的名字设立了一个奖项，这个荣誉将颁发给年度最优秀的运动总监。赖斯为何能有如此大的影响力？他的成就也是在目标的激励下一步步达成的。

赖斯的教练生涯开始于肯塔基的一个乡下中学，后来到了一个较大的中学，也就是在这儿，他创造了人生的奇迹。关于他的成就，很简单地说：101胜、9负、7平、7季全胜、50场连胜以及连续5年的冠军。取得这些成绩后，他进一步成为大学教练、专业教练和大学的运动总监。

我们来看一下赖斯做到这些不同常人的秘密。事实上，**他的成功得益于他找到了清楚明确的目标，并且下决心完成**。年轻时候的赖斯读过很多个人成功方面的书籍，他发现这些书的作者给读者提了一个相同的建议，那就是写下你的目标，也就是你希望完成的事、你的渴望和梦想。于是赖斯饶有兴致地尝试了此方法。他不但写出了自己的目标，还制订出可行计划，并且标注上具体的达成日期。他发现这种做法非常卓有成效，他的目标总是在不知不觉中一步步完成，而他只不过是每天按照计划表行事而已。之后他让他的队员们也用这种办法达成目标，并且一直热衷于此。

在一次演讲上，他向同学们展示了一些小卡片，他告诉大家："上面都是我的目标，一张一个，我都随身带着。当我等待登机时，就会将卡片拿出来温习，而且真正的乐趣在于实现这些目标。"并说："有耐心，放轻松，保持信心，该是你的，自然跑不掉。"他一直认为目标必须是清楚明确、可执行的，并且每天把自己的想法大声念两遍，这会让目标融入你的潜意识，你会在行动中充满激情。

4. 制作一份可行的待办计划表，并且身体力行

（1）不要考验自己的记性

在你每晚睡前写下第二天要做的事情，这是很聪明的办法。因为你的脑子可以不用辛苦地提醒自己"别忘了，别忘了……"，你会睡得更踏实些。另一方面，这有助于你利用潜意识去完成事情。

如果你觉得一项工作不值得你去做这样的记录，那它多半是不值得我们真正去做的。人脑是一个妙用巨大的机器，它能在你写下问题的时候就开始后台运行，也就是说你会在不知不觉中开始思考问题。潜意识的作用可以大到让你难以想象。当你记下一件工作的时候，便是对自己许下了一个承诺，你不能失信，那么你的意识会时刻提醒你去完成它。

因为你的脑子不应该仅仅是记住问题，它应该有时间去解决问题。

（2）计划表应该简单明了

确保你的待办事项尽可能地出现在同一个计划表上，而不是七零八落地涂鸦在纸片上。因为当你这样做的时候，你很可能因计划琐碎不统一而遗漏掉很多的事情。

记得去检查这些事项的进度，它们可以在你的随身手册里，或者你的电脑中。重要的是你可以随时看到它，并且去更新。当然，即时贴和字条在必要的时候也能很好地提醒到你。但是一定要清楚它们并非主要的，不然的话你就太

愚蠢了。

还有一个小的细节，最好把这些事项安排计划存一个备份，假使不小心弄丢了，也不会给你带来麻烦。虽然是很简单的一个动作，却对你大有帮助。

（3）定期检查计划表

每天早晨起床后的第一件事，就是查看头一天晚上制订好的计划表，确定你所要做的事情都在计划表上，并且养成每天固定检查的习惯。这样的话，你就不会因为忘记了任务而影响进度。

在福布斯二世的书桌上，一直有一张纸用来记录他的重要事项，而这张纸就相当于他的自我管理系统。他说："每当我觉得进退两难时，我就会看看这张纸，确定使我动弹不得的事是否真的值得让我为难。"他的记录事项里通常包括电话、信件以及专栏文章。他总是说："如果你没有一个固定的记事本记录你想做的事，事情永远都无法完成。"

这个技巧同样可以用在管理其他事情上。当你给员工分配任务的时候，你应该督促他们将这些任务列在计划表上，这样一来，他们就不会把你所交代的工作遗漏。而且在每次召开会议的时候，请他们和计划表一同出现在会议桌上，这样可以很清楚地知道他们的工作进展如何。

"可靠"是你在工作中必须具备的品质。主管总是指派别人去工作，这样他就能集中精力去做其他的事情。但是你也看到了，一个令主管放心的人并不很好找。人们似乎总喜欢忘记那些自己不想做的事，有些人并没有很强的自我约束能力。

（4）限制计划表上的项目

计划表一定要有可行性，很关键的一点是不能过于繁琐和面面俱到，当然这实际上也是不可能的。计划表的范围可以很广，因为我们确实和很多事情存在联系，但是它不应该成为一本百科全书，那样你只会力不从心。

也许你并不用费尽心思地去寻找成功的诀窍，玫琳凯化妆品公司的创始人玫琳凯·艾施的成功缘于听到了一个故事。查尔斯·舒瓦普是美国钢铁公司总裁，他曾在企业顾问艾维利的帮助下成功地提高了公司的效益。艾维利在舒瓦普的允许下，和钢铁公司的每一位主管一一面谈了几分钟，之后这些主管们的表现无一例外地更加优秀，他们做事情更加专注，工作效率明显提高。

几个月后，他们给公司带来的生产力的提高更是惊人。而这些仅仅是因为他们拥有了一张纸，而这纸上记录的正是他们每天必须要做的六件事。艾维利也因此收到了一张3.5万美元的支票。

玫琳凯讲道："当我听到这个故事后心想，如果这个方法对舒瓦普而言值3.5万美元，对我也会有同样的价值。"于是她开始每天写下六件事，这是她今天没有完成或者明天必须要做的事，并且鼓励业务员们采取同样的做法。现在玫琳凯公司已经拥有20多万员工，他们每个人都配有统一的小便条本，便条纸上写着一句话：我明天必须做的六件重要事项。

（5）在计划项目旁，注上日期与时间

并不是列好项目计划就大功告成了，计划的目的在于得到实施。你只有下定决心去完成每一件事，计划表才能真正起到作用。而为每项工作制定好具体时间会帮你更快地下定决心。

你所制定的时间应尽可能细化，除了会议记录和接待访客，一些占用你时间的重要工作都要有一个明确的记录。如果你发现自己的工作日记上有很多空余，而你却又始终感觉忙碌，这时候就有问题出现了。

你的工作日记应该包括会议、访客以及其他重要工作，它们都应该被你记录下来，并且安排好时间。你只有事先安排好每一件事，才能在做的时候比较

圆满地完成。

（6）制作长期的计划表

在全国性的业务员会议中，一位首席业务员被问到他的销售策略有什么不同于别人的地方，而他的回答只是一张"每月日程表"，他解释说："你必须清楚下一个月将去拜访哪些客户，并且提前做好准备工作。"

还有一些人的计划更加长远，他们甚至已经预计好一年内该干的事。《薪水阶级》主编黛博拉·沙蓝，一直以月和年为制订计划的期限。她每月的前两周被用来写评论，除非有非常重要的活动，否则她不会接受演讲等任何邀约。如果另有什么安排，她会随身携带笔记本电脑，以便利用多余的时间进行原计划，保证其他工作不受影响。她的后两周被计划从事其他活动，比如演讲、回复信函、公关联络，当然还要留出几天来作下一步的计划。她对未来一年都有一个明确的规划，比如写书、开研讨会，都会定下具体的时间段，余下的时间她可以尽情尝试新鲜事物带来的刺激。

正由于她对未来的长期计划，她所创造的作品无论数量还是质量都让人备感惊奇，并且在同行业中获得了权威。

★不要自己浪费时间

1. 不值得做的千万别做

尼尔·西蒙是著名的剧作家，他在决定是否将一个构想发展为剧本时，总会这样问自己："假如我要写这个剧本，在每一页都尽量保持故事的原则性，而且能将剧本和其中的角色发挥得淋漓尽致的话，这个剧本会有多好呢？"答案有时候是："还不错，会是一个好剧本，但不值得花费一两年的生命。"在这种情况下，西蒙便不会着手创作这个剧本。

但可悲的是，很多人在自己的人生已经耗尽很多时间后才意识到，他们并没有仔细考虑过眼前的计划要花费多长时间。有的计划并不值得我们去投入时间和心血，你要知道每个人的时间都是有限的。

你也许没有权也没有势，但是每个人都有选择的余地，那就是做还是不做。你可以这样问自己："如果我把现在的构想充分发挥，它是否值得呢？"如果你的答案是"不"，那么一定别去做。

2. 不要轻言放弃

最大的失败就是过早地放弃。很多人花费大量的时间来投入到自认为很有希望的事，但是有90%的人会在事情进行了90%的时候选择放弃，因为他们不知道自己距离成功只有10%。太早放弃浪费掉了自己的时间，并且使你先前的投资变得毫无意义，你更没有机会体验在挣扎后终于成功的愉悦感。

当人们开始一份新的工作，学习一门新技艺，总是会在一段时间内满怀热情，然而在就要出现成果的时候，大部分人逃跑了。通常来说，一件事情在成功前会陷入突然而且很难于攻克的困难中，假使你坚持度过这段时间，之后你会发现那些阻碍对你来说根本不算什么。回忆一下你曾尝试学习一门新语言的经历，在学习的前几个月你也许有过放弃的念头，那些拗口的东西似乎很不欢迎你。但是几年后，你却可以拿它们流畅交谈、看书看报了。

很多人的时间就浪费在了黎明前的摸索上，他们发现自己不停地尝试却始终等不到光明的出现。因为每当黎明来临的时候，他们又转进了下一个黑暗的角落。

就像查尔斯·舒尔茨，他在出版了漫画《花生》后，并没有立刻引起轰动，在它成名之前，那是一段非常难熬的时光。差不多经过了四年的时间，主人公史努比才被全国的人们所喜爱，而它充分巩固自己的地位则花费了10年的时间。

3. 适时地知难而退

美国化学家、物理学家，诺贝尔奖获得者莱纳斯·波林说："一个好的研究者知道应该发挥哪些构想，而哪些构想应该丢弃，否则，会浪费很多时间在差劲的构想上。"

那么你怎样知道一个构想是有用的，还是应该放弃的？你应该要坚持尝试还是知难而退？看一下下面几个问题，你可以很轻松地找出答案。

（1）试着去获取更多的信息

在商场中，信息是否准确往往决定着决策的正误。如果你对目前的市场形势不是很了解，或者不知道手头的项目是否有利可图，那么想办法请一个专家或顾问，你也可以向那些经历过类似情况的人请教，那你信息的牢靠性就会大大增加。比如老业务员通常会告诉那些菜鸟，是否应该放弃一个老客户，转而去发掘其他的客户。

当然，以新的观点来审视原有的信息也同样重要。

（2）确认障碍是否真的无法克服

有些人虽然勤奋能干，却始终一事无成，原因是他们不晓得解决问题的关键，那就是找到问题的症结所在。当你发现了最主要的问题，可以省掉很多的麻烦。但是通常来说，人们并不是不具备这种能力，多数人故意回避症结，他们不愿面对，只是一味拖延，但这并不能使"灾难"免于发生。

因此，你应该鼓励自己去应对那些不可避免的事情，并且找准自己所处的位置。如果一件事情确实与你内心的原则相冲突，并且你确信任何一方都不可能让步，那么就走吧！你要承认有些障碍是无法克服的。就像你尽可能地让自己在公司表现优秀，以希望得到晋升高级职位的机会，但是你所在的公司是家族式管理，其他人根本没有机会进入管理行列。那你还是聪明一点，尽快转移到别的地方去，那样成功的概率要比在这儿大得多。

（3）可能的回报率有多少

也就是说，你所付出的劳动会在多大程度上得到回报。假使你要寻找的是几千年前的埃及法老墓穴，潜在的回报会是非常高的，你大可花费点心思。但现在你是一名业务员的话，你不会笨到在一个不会购买多少货物的客户身上花上好几个小时。

（4）你需要为此投资多少

假如办公室里的复印机坏掉了，你是犹豫着买一台新机器还是修理好旧的。那么不要再瞎琢磨了，翻一下你上一年花费在机器上的费用，并且估算一下你今年可以花费在机器上的费用，以及你已经花了多少。计算一下修理机器所需要的费用，送出去复印和等待机器修好所付出的代价，还有机器修好后会达到怎样的功效，当它被最大限度地利用时，是不是还有人在焦急地排队等候。如果你修理机器的做法并不是最理想的，我想你应该去买一台新的了。

（5）你有多少本钱可以拿来投资

科宁公司可以拿出上百万美元来投入光纤电缆的研究，虽然最后的回报非常大，但是他们在数年后才开始利用它赚钱，他们等待了相当长的一段时间。但是其他公司却没有那么做，因为他们的本钱远没有科宁那么多。

对于一个人，你也许心怀伟大的构想，但是你的本钱并不足以支撑这项耗费太多的计划，那么你就不应该去做，或者你可以找一个合作伙伴，借助成功人士的力量等。

（6）有没有暗盘

这个世界不会有绝对的公平，就像游戏场地可能高低不平，纸牌会少几张，骰子的滚动也能被人为操控。有一些事情和计划是所有参与者都不可能取得成功的。但是看清真相的人实在少得可怜，因此很多人把时间浪费在了没有意义的事情上却一无所知。有些访问只是一种表演，主角永远不会取下面纱；比赛也被暗箱操作，甚至冠军早已注定。

一个能有效管理时间的人应该是进退自如的，并且能很好地展现自我。不要妄下论断，尽量去查明真相。就算内幕确实存在，假使你表现优秀，还是会有赢得比赛的机会。当然，其他的参赛者也许并不差劲，输赢是谁也无法预先看到的。

当你确切地知道，即使付出再多努力也不可能取得突破，这个时候，你应该清楚要怎么做了。

4. 拒绝拖拉

犹豫不决是对时间的巨大浪费，那些一遇到抉择就难以下定决心的人是不怎么聪明的，他们很可能在犹豫不决中错失重要机会。

如果你习惯了办事拖拖拉拉，那你会丢失大量的宝贵时间。这种人会拿很多时间来思考需要做的事，他们既为上个任务完成不好而懊恼，又在担心这个任务出问题。实际上，在这段时间里他已经可以完成一个任务了，但他似乎总有理由推迟。

对付拖拉，我们可以采取以下办法：

（1）确定一项任务是否非做不可

当我们面对不重要的工作，通常会表现得拖拖拉拉，一再拖延之后又会后悔。那么，你需要认真审视一下这项工作是否真的不重要，如果是，把它取消掉。不要让你的日程中出现可有可无的任务，这影响着你能否有效地分配时间。

（2）把任务委托给其他人

我们说每一个人都有优于别人的地方，因此肯定存在你做不了或者不喜欢而别人却非常拿手的工作。如果你真的不喜欢做，那就把它交给一个喜欢它的人吧，他不会有丝毫的不乐意，并且会比你更加适合，这样你们不就各自得到满足了吗？

（3）弄清楚有什么好处以后，再行动起来

人在被利益驱使的情况下，做起事情来会更加有干劲，当然这种利益不单指金钱。在我们看不到一件事情的好处时，便会产生懒惰心理或者疲于应付。

那么怎样很好地解决这个问题呢？首先告诉自己你的目标和理想是什么，然后分析眼前的任务是否对达成目标有帮助。如果你的答案是肯定的，那么你应该对这样一件有好处的事情感到高兴，因为它能让你更加接近目标。

（4）养成好习惯

当一个人的拖沓已经成为一种习惯，任何理由都不会使他放弃消极的工作方式，转而采取快速的行动。这是一个相当可怕而有害的事，它会阻止你做任何事情，你必须重塑自己的习惯。

培养好习惯的方法是，每当你想要松懈时，就问自己这样的问题："我要以最快的速度完成这项工作，那会是多久？"然后打起精神，尝试着去加快进度，并给自己定一个最低限度，但一定要高出平时的要求。

当你努力遵守这条暗示时，你会发现自己的工作效率真的提高了，你甚至会怀疑原来自己也可以如此优秀。一段时间后，你的工作模式就会改变，你会由一个拖沓的人变成一个做事高效的人。

5. 拒绝懒惰

一个珍爱时间的人就是尊重生命的人。很少有人能保证自己的每一天都不

偏离目标。这些人中有的没有较高的积极性，有的人对自身要求不严格，另外一种人仅仅是因为懒惰的本性，习惯了干等。他们喜欢停在原地，如果没有什么让他震惊的事情，他可能永远不会想到前进，他好像从来不清楚自己该去做什么。

如果你也经常出现懒惰现象，那么下面几个建议可以帮助到你：

（1）使用日程安排簿

你可以把你要做的事情有条理地记录好，这样就能够对工作任务心中有数。

（2）在家居之外的地方工作

如果家里适合办公的话，那就不会有写字楼、办公室。把自己从家里分离出来，摆脱那些使你分心的东西。如果你不是一个自制能力很强的人的话，电话铃、录音机、邻居家的嘈杂声都可能影响你安心工作。换个环境能让你排除干扰，调动起工作积极性，这是十分必要的自我约束。

（3）及早开始

你可能也有过这样的经历：计划得很好的事，由于没有及早着手，导致最后不能很好地完成。更或者由于发现时间来不及便不再去做，一天下来什么也干不了。这是很令人沮丧的事。应对的办法就只有尽早开始，赶在前面。

（4）不要时断时续

时断时续最容易造成工作者对于时间的浪费。因为一件工作停顿下来本身会花费时间，更主要的是，当你重新投入到工作中时，不可能一下子找到感觉，你需要耗费时间来调整你大脑的思维和转移自己的注意力，然后在找到停顿的点之后，继续干下去。要知道，那种能立马在中断的地方接上思路的人是很少见的。

那我们应该怎样避免或尽量减少工作中的停顿呢？方法如下：

（1）雇一名秘书

如果你经常在工作中被别人打断，那么你应该安置一个媒介来阻挡这种外来干扰，最好的办法就是找一个高效能干的秘书。这样你就可以控制被人打扰的时间，而不用一再地去集中精力。当然，你也应该留出一段时间，以便需要的人能够随时找到你，或进行必要的交谈，不然会让别人对你心怀不满。

（2）学会在大段的时间内工作

有些性质的工作需要在精神高度集中的状态下进行，比如科学家的实验研究，他们通常会把自己关在密闭的实验室，不受人干扰，并且一待就是大半天。这种方法也是我们可以学习的。你可以在一个长达4至6小时的时间段工作，找一个相对安静的地方。你会发现自己的工作劲头越来越大，并且你的效率得到很大的提高。当然，在此之前你得做一个具体的时间安排，以便拥有这样一段可以利用的时间。

（3）办公室的设计应能避免干扰

如果可能的话，尽可能地使你的办公室免受他人干扰。最好是得到你允许的情况下别人才能进入，而不是随便进出。可以把办公室安排在一个恰当的位置，如果别人从窗户里就可以和你聊天，那会大大降低你工作的质量。

还有一个原因，好不容易下了班要回家陪伴妻子或者赶去会见重要客人，我想你不会希望出门就碰见熟人，还要与之寒暄十几分钟，那会是很不愉快的经历。

（4）改变用电话的方式

电话作为重要的交流工具本该方便我们的生活，但很多人却成了它的奴隶。尽量使你的电话不被直接通到办公室，不然你的工作就会被打断。最好能在一天中单独划出一段时间用来接打电话，这样就能够避免被电话影响到工作。

（5）学会清晨起来工作

效率专家们说，你如果能在清晨工作效率将会大大提高，因为清晨较少受到干扰和打断。假使你利用好这段时间，你会省下更多的时间来做更多事情。

（6）学会分权和分工，不要一个人包打天下

一个人在其他优秀人士的帮助下往往更容易成功，而这也是节约时间、提高效率的有效方法。懂得分工和合作是一个领导者必须具备的才能。这就要求对别人有一个较准确的认识，能够洞察他人的长处和短处，这样就能够较合理地分配工作，让每个人发挥自己的优势。当然，你应该尽可能地提供给被委托者工作所需的条件。这实际上是一种双赢的局面。

（7）应对偶发的延误

当事情出现了我们意料之外的情况，我们往往会陷入抱怨却又无能为力的状态，此时能做的似乎只有等待。但是你知道吗？等待也可以变得有价值。虽然我们不能阻止意外和延误，但是你可以提前作好准备，安排好要做的工作。比如外出时带着工作，如果航班延误对你也是没有什么影响的。

我有一个朋友，他每次出门旅行都会带上一大堆的工作，就算出现再多次的延误，也不会束手无策，眼看着时间被耽误。即使在市内乘交通工具，他也要带点小活干，比如只拿一本书，遇到交通堵塞的时候他也不会浪费时间。后来他有了自己的事业，他总喜欢边开车边听广播或放录音带。回家的路上他会用电话指示工作，每当有突发的想法他都会用录音机录下来。

看吧，偶发的延误不但没有耽误工作，相反，事前准备把本来会失去的时间转化为可以利用的有效时间。正如亨利·福特所说："大多数人是在别人浪

费掉的时间里取得成就的。"

（8）粗心大意的人要培养的技巧

你发现没有？我们的时间有很多浪费在了找东西上：那些乱堆乱放的信件和报告，经常不被用到的书本和论文，还有一些收据、发票之类。虽然这是大家都在犯的一个毛病，但是很少有人去想它的解决办法。那么，如何避免这些麻烦呢？对于粗心大意的人，可以试试如下的计划：

①物品的摆放合理，物归原处

把日常用的笔、钥匙、眼镜等小东西放在同一个地方，并且每次用完都提醒自己放回原处；档案、论文、书籍等纸质文本，按类别排放好，用完后同样记得物归原处；随身携带的东西有规律地放进口袋，比如一个口袋放钱包，另一个口袋放小记事簿。另外一点，放置物品的地点必须合理，不要把重要的东西放在很难想到的地方，最后很可能自己都找不到了。比如把眼镜放在书桌上就是很合理的做法。

②不要藏东西

有些人为防止自己的隐私被人发现，或出于预防小偷的目的，把珍贵的东西放在一些难以想象的偏僻处，以至于自己也忘记了藏在哪里。这些找不到的东西和丢了有什么区别呢？

③借助于记性好的朋友

选择一个记忆力佳并且信得过的朋友，在聊天的时候告诉他你把某本书籍、某个档案放在了什么地方，希望下次需要的时候得到他友好的提醒。当然，这个人必须是记性好而且善解人意的。

④在贵重物品上写上姓名住址、电话号码，并且提供奖赏

这个方法似乎太过有趣，不过它确实很管用。如果你的文件丢在了飞机上

或旅馆里，假使它是被装在一个写好地址的大信封中，那找回来的机会就会比较大。

⑤细心地标示档案与文件夹

为你保存的文件或档案命名，不然很容易弄丢或者在用的时候难以找到，特别是当你把它们放在电脑中的时候，要知道那里面到处都是一串串的档案文件。

⑥多准备一份

你最好能准备个备份，那耽误不了几分钟。而且最好放在不同的地方，比如一份放在电脑里，一份打印出来随身携带。

⑦三思而后行

如果你需要快速离开一个地方，请静下心来以最短的时间想想你最重要的东西是什么。机场的房间里有不少贵重失物，全都是因为没有被想到而遗失了。

⑧利用笔记和提示物

当你到了一个陌生的环境，在停车场停车时，记下你周围标志明显的建筑物或者道路名称。这些可以帮助你很快地回忆起自己的位置，就像汽车上的电话可以帮你记下随时出现的灵感。

★不要让别人浪费你的时间

1. 认识并避开时间大盗

史考特·亚当斯出版过一本卡通画《迪尔柏特》，画中的迪尔柏特要撰写一本企管书。其中有一章叫做"时间管理"，提到了这样一个建议："延后与浪费时间的白痴开会。"

很多成功人士确实做到了这一点，他们不只懂得延迟与浪费时间的人开会，很多时候，他们会避免这种会议。斯坦利·马库斯曾说："我一定会准时，因为我的时间很重要，别人的时间也很重要。如果我发现有人不打算持有同样的态度，我就会想办法另找人打交道。"这是很多行业顶尖人物所遵循的共同原则。一位在业内非常优秀的业务员告诉我："真正好的业务员不会让别人等他们。"可悲的是，我们很多人都成了别人等待的对象。作为一个业务人员，你可能一刻不差地赶到买主的接待室，而他却待在办公室迟迟不肯出来，他甚至不会在乎你不打招呼离开。假使这人是你的重要客户，除了等待你毫无办法。但是时间并不会白白地流失，你可以看一本营销书，可能某个点子在下一刻就能派上用场了。

当然应对这种情形也可以采取比较积极的办法。有一位经理讲："我不会让自己等得太久，如果是去看医生，我会等15分钟，然后告诉挂号人员，医生已经好了吗？我约的时间是3点钟，如果他还有别的事，我要重新安排时间，因为我另外有约会——他们通常都会让我进去。"

有一位负责学校行政工作的人员说："如果我的同事在开会期间制造太多的干扰，比如说不停地接电话，我就会给他一张纸条：'我看你很忙，请有空时再叫我。'然后我就离开了。"没有时间观念的人总是不那么受欢迎的。

2. 学会说"不"

当脱口秀明星拉里·金被问到什么是他认为最浪费时间的事，他毫不犹豫地回答："无聊的午餐……跟自己不喜欢的人一起。"紧接着说："我发现在生命中得到的愈多，不论是职业上或金钱上，你就可以愈挑剔，我现在已经没有那种非去不可的午餐了。"

那些会管理自己时间的人，总是能想办法避免各种浪费时间的活动，比如无聊的会议、和不喜欢的人约会，以及没有意义的社交活动。但是对于一些例行活动，我们通常是无法躲避的，这时候他们会积极地想办法应对。如果是可以不参加的活动，他们会选择找人代替。假使有朋友想与你实施一个计划，而你手头的任务已经相当庞大，或者是你根本就对那个计划毫无兴趣。那么，一个善于管理时间的人会这样作出反应："很抱歉，我想我现在没有更多的时间去做手头以外的事。"

◎ 当勤奋成为一种习惯

★找出隐藏的时间

1. 善用等候与空当的时间

就像去拜访客户的时候拿一本书，这样你就不必在等待的时候懊恼和沮丧。不管在什么地方，只要是有可能存在时间误差的情况，你都应该提前准备点什么东西带去，可以是任务，也可以只是一本小说。

安妮·索恩是一名总裁助理，她总是在车里放着一把用来拆信的刀子，开车时便会带上一沓信件，每当车子需要等红灯，她就利用这个时间来看信。她说里面有一半的信件都是无用的，她只是做了个简单筛选。等她到达办公室的时候，她只要把那些垃圾信件丢掉，留下有价值的就好了。

即使你是一个很注重效率的人，也总会遇到让你等待的人和事，这些不是你所能掌控的。你可能错过地铁和公交车，也可能被困机场，但是你是否想过这个问题：那些成功人士此刻在做什么？我可以告诉你，他们在看书，写点东西，检查一下信件，打电话部署工作，或者修改工作报告。

2. 比赛节省时间

凯西在佐治亚公司上班，这是一家办公室用具公司，生意做得相当成功。她在工作中有一个诀窍："我进办公室第一件事就是看收件箱，并将所有文件依重要性、难易度分类，在心里规定每一件事情完成的时间，尽量在仅有的时间内完成需要做的每一件事。通常情况下，我最后所做到的事情要比计划中多得多。"

许多优秀运动员的成功也与这一点有很大关系。他们的竞争对手不仅是其他运动员，最重要也是最难对付的对手其实是他自己。他必须超越先前的自己，并在有限的时间内尽可能提高自己的技能。

在这场节省时间的比赛中，每个人，只要参与就是赢家，那些躲得远远的人，注定不可能优秀。

3. 善用杠杆的力量：想办法偷懒

历史上的伟大发明家，他们的原始意图是什么？其实不过是为了寻找一些比较简单有效的做事方法。爱迪生在当电报操作员时被炒了鱿鱼，原因是他发明了一种可以在工作的时候偷懒打盹的装置。世界知名的汽车制造商亨利·福特发明了各种简化工作的装置。他在工厂装上输送带，以使工人省去来回取零件的时间。之后他又发现装配线太低使得工人弯腰工作，这样会增加疲劳而且不够安全，于是他改进了装配线，将它们提高了8英寸。仅仅是一个简单微小的改变，却大大提高了工厂的生产力。

原始社会的人们依靠自己的力量单打独斗，最终不能获得长久的生存。据人类学家的研究，他们中的成人平均能量还达不到一匹马的10%。如今的人类之所以保全到现在而不畏疾病和灾害，是因为他们懂得开发自己的能量，用一些窍门来提高社会的生产水平。而造物主眷顾这样的人和社会。

不要认为偷懒都是应该被否定的，当一个懒汉这样问自己："有没有更简单的方法呢？"他可能正在构思一项伟大的计划。要知道，忙碌并不等同于效率。一个企业职员的白日梦可能产生很大的生产力。

一个过于忙碌的人不会有时间思考他所做的事，也许会有更加有效的方法来完成工作。如果你想让自己更轻松一点，那么放低一下工作量，花时间去反省你刚刚完成的工作。"我这样做有意义吗？""如何才能花更少的时间做得更好？"当然你所思考的内容应该包括如何与他人更好地合作，以及你对现有资源的利用状况。

当你把注意力的一小部分拿出来放在其他领域，你会发现它们对你目前所从事的事同样有影响。只在自己的小领域里作研究，得出的结论必定是狭隘的。那么，你应该为自己争取更多的时间来学习其他知识或者他人做事情的窍门。不然的话，永远不可能产生什么新办法。

当你肯花时间思考问题的时候，你解决问题的能力也会随之提升，相信你的大脑吧，它真的力量巨大。实际上，那些新技术的产生几乎全是建立在已有观念和技术的基础上，发明家们只是把它们重新排列组合。汽船就是罗伯特·富尔顿将蒸汽引擎和造船技术结合在一起而制造出的。有一点你应该想到，他应该是对两种已存在的技术都有了解，不然便无法将它们融合。当然，最主要的是，他拿出时间来思考了。

作曲家狄米奇·肖斯塔科维奇曾被问到为什么他作曲的速度这么快，他的回答是："因为我已经思考很久了。"

★ 养成良好的习惯

你一定听到过这样一句富有震撼力的话：习惯形成性格，性格决定命运。因此，如果你想取得成功，千万不要忽视习惯的力量。当然，事实上思考能力一般的人就完全可以认识到这一点。但糟糕的是，人们往往让习惯阻碍了进步，而不去想办法发挥它的真正作用。一旦坏的习惯养成，它就会像一个残暴的君主一样强迫你去做你并不希望发生的事，但是你又没有力量去违背他，那你就只有牺牲自己的意愿。你不应该任由邪恶势力摆布，而要学会控制和利用它。去支配你的习惯，让它为你的成功服务，而不要忍着抱怨成为它的奴隶。

心理学家给了我们一个肯定的答案，习惯是完全可以被指挥和利用的，我们应该避免被习惯阻碍，良好的个性和成功的行动得益于好习惯。已经有很多人让这条论证得到证实，发挥了习惯的强大功能。

也许你要经过的一片草地并没有路，你每从那里经过一次，这条路就会更加明显。这就如同我们的习惯，习惯就是通往你心灵的路径，我们当然都希望这条路径是顺畅没有阻碍的。当你经过一片森林，你一定会选择最干净清晰的小路通过，因为那是被很多人走过的一条道路，已经被踩得相当结实了，方向也更加明确。没有人会愚蠢到从杂草丛穿越。

简单地说，习惯就是由一次次的重复创造出来，并付诸外在的表现形式。一个人开门的动作、与人交谈的方式，以及处世技巧的养成，这些事情无论事关紧要还是无足轻重，都受到习惯的影响。即使是一张无生命的纸，你把它多次折叠，就会出现明显的痕迹，并且不会自动复原。手套被长时间戴着，也会变旧变破。水总是聚在低洼的地方，并且积聚的水会越来越多。关于习惯的法则处处可见。

现在你应该清楚习惯到底有怎样的重要性，那么，请用它来改进自己，完善自己。记住这一点：清除坏的习惯，培养好习惯，这是对习惯最好的利用方式。旧的习惯也许在你身体里存在已久，一时半会儿难以把它赶走，那么，用新的好的习惯来替代它，它便会站不住脚，垂头丧气地离开。

要相信新鲜事物所具有的强大生命力，好的习惯一旦养成，你的每一次行为都会加深它。当你的这条心灵路径变得又深又宽，你在上面行走起来的感觉一定也是十分舒适的。

Part_4 高贵品格，
持续成功的根本力量

>>> 就算你一无所有，失去了一切东西，你还有你
自己，你自身有无限的价值可利用，你有勇气、毅
力、尊严和信心，请不要失去它们，这是无价之
宝，你需要尽你最大的努力保持它们。

◎ 征服一切的意志力

★ 征服了自己，你就可以征服一切

人生不会是一帆风顺的，人生的长河总会出现磕磕绊绊，失败、困难、挫折无时无刻不在困扰着每一个人。心态是区分成功者和普通人的标尺。

任何成功者的早期经历都能印证温德尔·菲利普斯的至理名言："失败是成功之母。"

多数人的成功奠定在无数次失败的基础上，没有失败的成功就像是没有根的草。不曾失败就不会成功。

失败能够激发一个人的潜能，失败使人奋发图强。每个人都是好强的，品尝过失败的痛苦滋味，才更渴望成功的喜悦，才能找到真正的自我。经历过失败的人内心才更加坚定，前提是这个人必须是勇敢的。没有失败的刺激，人们或许甘愿平庸。

战争中，一座美丽的城堡被一颗炮弹无情的摧毁，就在大家惋惜不已的时

当世界无法改变时改变自己

万变世界绝对不变的自我提升法则

——超值附赠：改变自己黄金手册！

100条黄金法则，助你在万变世界中提升自我！

超值附赠

改变自己，
黄金手册！

Golden rules

100条
黄金法则

001. 这个世界上，没有人能够使你倒下，如果你自己的信念还站立着的话。

002. 很多时候，当我们的心境变了，生活的处境也就跟着改变了。

003. 一个人的内心环境，包括心理、情感、精神，完全由个人的态度所创造。

004. 请记住，人最大的敌人是自己的内心。除此之外，没有人能真正打败你。

005. 命运的主宰者不是别人，而是自己，只有"我"才是自己灵魂的真正领导者和主宰的力量。

006. 一个人只要具备积极的心态，那么困扰他的所有困难都能迎刃而解。

007. "他心怎样思量，他为人就是怎样。"

008. 卡耐基说过："一个对于自己的内心有完全支配能力的人，对他自己有权获得的任何其他东西也会有支配能力。当我们开始用积极的心态并把自己看成一个成功者时，我们就开始收获成功了。"

009. 当你因为没有鞋子而哭泣的时候，请看着没有脚的人。

010. 丘吉尔说："你要别人具有怎样的优点，你就要怎样去赞美他。"

011. 一个成功的人是对他人有所贡献的人，一个积极心态者是能够给予别人的人。但凡事业成功的优秀人士，无不遵循这一定律，一个肯为别人付出的人才能得到更多。

012. 前往通用面粉公司董事长哈里布利斯告诉他的推销员："不

Golden rules

要只想着你的任务，而要想想你能给别人带去什么样的服务。"

013. 每个人生来就被赋予无限的潜力和可能，这是上帝对人类最大的恩赐。

014. 自我意识是一个人对自己的身心状态及与周围环境的关系的认识，表现为自我认知、自我体验、自我控制三部分。

015. 自我意识是引领我们人生航向的方向盘，其正负决定我们的人生是成功还是失败。

016. 积极自我意识的建立是一个不断完善的过程，我们首先必须有一个适当而又现实的自我意识伴随着自己。

017. 你的大部分的思想、行为举止和性情，都来自周围人的影响。一个人的智商，也与他所生活的环境和所接触的伙伴有关。

018. 歌德说："读一本好书，就是和许多高尚的人谈话。"

019. 这个世界上，除了你自己，没有任何人，任何事能击败你。

020. 在现代企业中，人才大致可分为两个个类型，一种人们称之为"动力型"，一种是"平衡型"。

021. 不要认为今天成功了，就可以享受美好生活了。记得给自己一些危机感，创造锻炼自己的机会。

022. 成功就是一个不断经历失败的过程，失败——成功——再失败——再成功，这是成功永远不变的模式。

023. 不管在你眼前的困难有多大，只要你对自己的能力充分肯定，并发挥你的所能，解决困难就容易得多了。

024. 不要一直去想"我该说什么"，张开嘴巴去说就对了。

025. 不要沉迷于作计划和构想，更不要让计划阻碍你的行动。

026. 不要过分地自我批评。

027. 改变你的语言习惯，在恰当的时候你要大声说话。

028. 表现你的爱憎好恶。

029. 人不能一直停留在一种固定不变的模式里，我们需要一种更新的眼光来审视这个世界，并且证明自己的能力。

030. 真正的安全感的定义应该是：你相信自己能够应对各种窘迫

的局面。

031. 无知的人多半是不喜欢问问题的，但实际上懂得问问题的人才不会无知。

032. 好奇心是人们与生俱来的天赋，它只有在被充分利用的情况下才能发挥积极的作用。

033. 一个人的梦想始于对现实的不满。

034. 敌人的批评要比朋友的批评更加可贵些。

035. 第一，在你未来的理想中，要有这样清晰的三个板块：工作，家庭，社交。第二，问自己以下问题，并找到一个准确的答案：我想完成哪些事？想要成为怎样的人？哪些东西能让我得到满足？你人生的三个方面，工作、家庭和社交是密切相关的，每一方面的好坏都会对其他方面产生影响。

"当世界无法改变时"

036. 一个人看不到目标的时候，会导致消极的结果产生。

037. 贸易巨子J. C. 宾尼说过一句话："一个心中有目标的普通职员，会成为创造历史的人；一个心中没有目标的人，只能是一个平凡的职员。"

038. 真正阻碍你进步的人是你自己。

039. 一个远大的目标代表着一个伟大的梦想，目标能给你使命感和责任感。

040. （1）．拿出一天的时间，来思考你的人生理想；（2）．你需要定期花几个小时来回顾你最近的状况。

041. "继续走完下一里路。"这真是一个简单而又神奇的方法，它让人在不知不觉中就能创造奇迹。

042. 美妙绝伦的伟大建筑，全都由一块块并不美观的石块组成，成功也是如此。

043. 克服疑虑和恐惧的最好办法就是——立刻去做，通过行动你才能消除烦恼，建立信心。

044. （1）. 用自动反应去应对那些你讨厌但是不得不做的繁琐事务；（2）. 不要指望让精神来推动你，你要去推动精神，然后才能去做。

045. 决定一旦作出来，就不能轻易改变。

046. 要善于处理两类时间，一类是我们自己可以控制的时间，即"自由时间"，另一类是处在其他人他事中的时间，我们称之为"应对时间"。任何一个成功人士都是能够处理好这两类时间的人。

047. 那些生活充实的人很少会上演人生的悲剧，而从事没有价值

048. 的事往往消磨掉人的意志，让生活沦为毫无价值的平淡。

049. "可靠"是你在工作中必须具备的品质。

050. 当你把注意力的一小部分拿出来放在其他领域，你会发现它们对你目前所从事的事同样有影响。

051. 习惯形成性格，性格决定命运。

只有那些拥有坚定意志的人才不会轻易谈失败！

052. 如果你不畏困难，藐视挫折，永不放弃；如果你仍然以一种亢奋的心态去面对这一切，那么你就是一个真正的成功者。

053. 一个最终的胜利者应该时刻保持着自尊、自信，永远充满着勇气，有一颗坚定的心，这样他就不会有失败。

054. 就算你一无所有，失去了一切东西，你还有你自己，你自身有无限的价值可利用，你有勇气、毅力、尊严和信心，请不要失去它们，这是无价之宝，你需要尽你最大的努力保持它们。

055. 一个人战胜的困难越多，取得的成就越大。

056. 懦弱的人总是被挫折遮住了双眼，看不见成功。

057. 你有信仰就年轻，疑惑就年老；有自信就年轻，畏惧就年老；有希望就年轻，绝望就年老；岁月使你皮肤起皱，但是失去了热忱，就损伤了灵魂。

058. 一个对任何事情都充满热忱的人，就像一个巨大的磁场，他会吸引一切机会、人脉、好运的垂青，即使身处黑暗之地甚至绝境，也总是能得到幸运女神的引领。

059. 但凡获得一定成就的人士，都懂得如何研究各种各样的人的心理，以及这些心理是如何发挥作用的。

060. （1）消除你头脑中的消极的想法；（2）控制你的大脑在你当前的工作上；（3）能够让你在那些能赋予能力的事情上集中注意力。

061. 迷于他们自己喜欢的事，对他们来说是一种享受而不是牺牲。

062. 把事情的本质看清楚的人，他们才能拥有正确的思想方法。

063. "在成功的诸多因素中，没有任何一项可以和毅力相比。才干、教育都不行，只有毅力和决心可以战胜一切。"

064. 想象的过程实际上是一次模拟实践的过程，你可以通过它来进行很好的自我完善。

065. 一个预见能力强的人往往能抢占先机，比别人提早成功。

066. 你越善于想象，你大脑的想象力和预见性就会越灵敏。

022

067. 当你在生活的各个方面去运用这种逻辑想象力，你就能在通往成功的道路上省却很多不必要的麻烦。

068. 一千个想法也抵不过一个切切实实的行动。

069. 如果你能给自己一点点细心观察的时间，你会看到，很多小事也许会把你引向成功的殿堂。

070. 和谐地与别人合作，联合大家的智慧，激发出你的潜能，你的力量就会无限地扩大。

071. 团结并不是要求意见一致，而是不同意见可以相互融合，尊重差异。

072. 只有愚蠢的人，才会去责备一个犯错误的人。

073. 一次谈话最融洽、最兴奋的时刻，往往出现在谈话一方表现出很重视另一方观点和感觉的时候。

074. 让你的对手帮助你吧，你就会少一个敌人，多一个朋友。

075. 当一个人被别人说到他是公司里最优秀的员工时，那么他心里一定很满足，立刻充满了活力，他会为了这个体面的荣耀更加努力，争取做得更好。

076. 恭维的另一个技巧就是赞扬别人不为人知的事物。

077. 微笑有时候甚至比说话都管用。

078. 拥有一个强大的内心是任何东西，多少财富都无法相比的。

079. 积极乐观地面对一切，即使面对困境也要微笑。

080. 时刻明白这个道理：给别人掌声，你自己的周围就会掌声四起；给别人机会，成功就会向自己走近；关照别人就是关照自己。

081. 成功的基础和保持成就的基石就是人的品质。

082. 真正的教育是能够发挥我们才智的教育。

083. 就算你是个穷光蛋，只要你拥有健康，你仍然是一名百万富翁，因为你可以用健康的身体去创造一切，拥有一切。

084. 明确的目标和全身心地投入是健康的重要因素，但是宽以待人、乐于助人也是健康的必备条件。

085. 冒险体现在个人身上是一种大无畏的魄力。

086. 一个可以成功的人，他必须首先是一位"自我成功"的人。

087. 激励就是一种使你完成自己目标，让你走向你想要的生活的伟大的驱动力量。

088. 每个人都需要不断地超越自我，你千万不要沉迷在暂时成功的喜悦中，请一定把当前的成功看成是超越自我的垫脚石，别让暂时的成绩变成包袱，阻挡你前进的道路。我们只有把荣誉踩在脚下，你才有可能取得更大的成功，不断地对自己实现超越。

089. 用一颗真诚的心去待人接物，结交好朋友，相互帮助，相互促进，否则，单靠一个人的力量是难以成功的。

090. 你要想取得更大的成就，每个人都需要别人的帮助，哪怕他现在只是一名落魄的乞丐，将来的某一天，他也可能对你的人生施加某种巧妙而巨大的力量。

091. 一个人的人际关系越好，他被别人接受的程度就越高，他就因此越有成就感。

092. 著名的文学家和思想家爱默生说过："人生最美好的一项回报，就是只要你诚心诚意地帮助了他人，你一定也会受益。"塞涅卡也曾经说："将好处给予别人，是让自己获得好处的最有效的方法。"

093. 付出就有回报：帮助别人就是帮助自己。

094. 超越自我，首先靠的是勤奋，其次靠的是强烈的兴趣。

095. 爱默生说过："有史以来，没有任何一件伟大的事业不是因为热忱而成功的。"

096. 哈佛商业学院的喀姆院长曾说："在见一个人之前，我情愿花两个小时的时间在他办公室前面的人行道上，用来形成清晰的思路，也不能大脑一片空白地走进他的办公室。因为如果这样，我不知道说什么，也不知道该怎么说，更不知道面对我的问题时，他会怎么回答。"

097. 如果你看到了机遇，那么立刻制订行动方案，尽早实施。

098. 爱迪生说过："我从来就没有失败过，我只是找到了一万种行不通的方法。"

099. 亨利·凯瑟尔说："事业上的每个成就实现之前，他都在想象中预先实现过了。"

100. 健康是家庭幸福的基石。

8大诀窍5种练习7个步骤15种方法
全面提升你的硬实力！

● 培养积极心态的12种方法 ● 挖掘潜能的5种方法 ● 提升自我意识的5大诀窍 ● 走出低谷，战胜自我的8种方法 ● 效率提高10倍的时间管理法 ● 培养执行力的15种方法 ● 学会倾听的10个技巧 ● 培养自制力的7个步骤 ● 拒绝拖沓的8种方法 ● 创造奇迹的3大步骤 ● 培养创新能力的想象力训练课程 ● 可持续创新的基本方法候，一个泉眼惊现在大家眼前，汩汩清泉喷涌而出，后来这里就成了著名的喷泉景区。失败、困难、挫折也是这样，短暂地看，它们摧毁了我们美丽的心情，但是却喷涌出奋斗的泉水来浇灌我们的心灵。

有一个笑话——两个强盗在路边看见一个绞刑架，一个强盗说："这破玩意儿，要是没它，我们的职业该多棒啊！"另一个强盗说："啊呸！愚蠢的人，多亏有这破玩意儿，才轮到我们吃这碗饭，要不然人人都来做强盗了！"他倒有些真知灼见。其实，世事都有共通性，它们也大都如此。困难使生性懦弱者临阵脱逃，使意志坚定者脱颖而出，鹤立鸡群。

有位著名科学家说过：看似不可克服的困难，往往是新发现的预兆。

在人的心灵深处有 种不为人知的神赐的力量，它似乎存在于任何一种感官之外。它神秘莫测，它无法用语言描述，它无法用任何词汇概括。

要想激发这种力量，危险的环境可能更有效。任何危难情况都能使这种力量爆发出来，让我们脱离困境。在海难、火灾、洪水中，常常看到纤弱的女性们执行艰巨的任务。平时，人们会认为她们不可能做这些事，但面临险境，她们创造了奇迹。

是什么在这些时刻让凡人成为巨人？是那些被平时安逸的环境束缚的精神力量，是那些在内心时刻蠢蠢欲动的神奇的力量。让这神赐的力量为我们造福吧！

只有那些拥有坚定意志的人才不会轻易说失败！失败只存在于那种随波逐流、见异思迁的人身上，而意志坚定、永不服输的人的字典里永远没有失败两个字！他一百次摔倒就一百零一次爬起来，即使其他人都已退缩和屈服，而他永远不会！

很多一开始踌躇满志的年轻人满怀热情地去干一份自己喜欢的工作，但当遇到困难的时候却轻易地放弃了，去从事自己不喜欢也不适合自己的职业，产生破罐子破摔、当一天和尚撞一天钟的心理。有些人坚持了自己的初衷，回到一开始努力的方向，他们深信坚持就是胜利，但是必须时刻作好遇到新困难、新挫折的准备，然而一次又一次的失败却使他们选择了放弃，当然外界的因素也影响着他们的决定，比如别人的评论。有人说：认清你自己吧，你根本不可能成功。有人说：你不适合它，在这方面你就是个傻瓜，你的付出是毫无意义的，你在虚度年华。而一同奋斗的伙伴纷纷退出，也使他们感到孤独、无望。

上帝给予我们相同的生命，功成名就者成为万众仰慕的对象，而那些壮志未酬的人却在羡慕别人的财富和地位中度过余生，他们为当初的行为而感到后悔。

不排除有的人一生当中的大部分时间都是一帆风顺的，他们积累财富，广交朋友，声望日隆，个性仿佛也很坚韧。但是人一生不可能永远顺顺当当，当灾难突然降临，他们一无所有的时候，他们恐惧，甚至绝望了。物质的损失吞没了他们生存的勇气，也击垮了他们"坚忍的个性"。

任何一个人在经历了这般沉重的打击后都会感觉希望渺茫。"我一无所有，我还剩下什么？"这是他们常说的话。但是，要时刻记住：失去所有身外之物以后，还有自己！即使是从来没有接受过教育的人，如果他有坚定的意志力，如果他有征服自己的勇气，那么希望就不会渺茫；这个时刻，勇气等于希望。成功者都是被千万次的失败所锤炼出来的勇士，如果经受一次打击就灰心丧气，对自己失去信心，甘愿堕落，又何谈越挫越勇？那么就真的没希望了。每一次挫折都是对你的考验。如果躺在地上，四脚朝天，心里承认自己很差劲，那就与死无异了。

如果你不畏困难，藐视挫折，永不放弃；如果你仍然以一种亢奋的心态去面对这一切，那么你就是一个真正的成功者。

坚持了别人放弃的，在别人退却的路上仍然前进，继续和困难、挫折战斗着，这才是成功者应该具备的素质。他们虽然还看不见希望和光明，但是希望和光明却在心中指引着他们继续奋斗。

人在忧郁沮丧的时候，保持理智和乐观是很难的，这时你必须在这样的黑暗中拯救自己，最好不要再去想它，让它占据你的心灵，尽量想些快乐的事情。在这样的环境下，才能真正看清我们究竟是怎样的人。

当一个人事事不顺而被人放弃，当别人认为他疯狂时，他仍然坚持，这最能体现一个人的勇气和意志。

爱迪生用了1600种材料研究电灯，可想而知难度是何等的大，这些材料被他制作成各种各样的灯丝，但是效果都不尽如人意，不是成本大就是寿命短，有的则太脆弱，工人根本不能把它装进电灯泡。他的研究吸引了全世界的目光，大家都在等待这个伟大发明的到来，但是所用的时间越来越长，人们渐渐失去了耐心。

《纽约先驱报》说："爱迪生的失败现在已经完全证实，这个感情冲动的家伙从去年秋天就开始电灯研究，他以为这是一个完全新颖的问题，他自信已经获得别人没有想到的用电发光的办法，可是，纽约的著名电学家们都相信，爱迪生的路走错了。"爱迪生依然坚持着。

英国皇家邮政部的电机师普利斯在公开演讲中质疑爱迪生，以他的观点把电流分配到每家每户并用电表来计量是天方夜谭。爱迪生继续在研究电灯的路上摸索着。煤气公司为了维护自己的利益，让人们继续用煤气灯，就费尽心机地劝说人们：爱迪生是个大骗子。爱迪生的研究也没有得到多少正统科学家的认可。有人说："不管爱迪生有多少电灯，只要有一只寿命超过20分钟，我情愿付100美元，有多少买多少。"有人说："这样的灯，即使弄出来，我们也点不起。"即便这样，爱迪生也丝毫没有退缩的意思。经过一年忘我的研究，他终于制造出了能够持续照明45小时的电灯。

也许很多不幸降临在你身上，也许你觉得自己是世界上最倒霉的人，也许你被失败折磨得奄奄一息，也许你没有得到你想要的成功，也许你正面对生死离别，也许你正面临破产和失业，也许你因为事故而变成残疾，但是，就算这些所有糟糕的事情你都要面对，你也要鼓起勇气，向前看！

永不服输和失败永远都是对立的，只要你有坚定的意志就不会失败，也许你失败了很多很多次，也许你努力了很长的时间还是没有成功，请相信成功就在不远处等着你。

一个最终的胜利者应该时刻保持着自尊、自信，永远充满着勇气，有一颗坚定的心，这样他就不会有失败。

失败会让强者更强，弱者更弱，如果你是一个足够强大的强者，如果你有足够的勇气和毅力，失败只会唤醒你的雄心，激发你的潜能，让你更强大。比彻说："失败让人们的骨骼更坚硬，肌肉更结实，变得不可战胜。"

奥杜邦是杰出的鸟类学家，他为了制作鸟类谱图在森林中刻苦工作了多年，终于制作出了二百多幅具有极高科学价值的鸟类谱图，但是度假归来后，他发现他的这些呕心沥血之作竟然被老鼠全部毁坏了。

当这段往事重现时，他说："强烈的悲伤几乎穿透我的整个大脑，我连着几个星期都在发烧。"但是他并没有灰心丧气，当他的身体痊愈，内心不再那么痛苦时，他重新拿起枪，背起背包，深入森林，从头开始。

对于卡莱尔在写作《法国革命史》时遭遇的不幸，我们都很熟悉。文稿终于在他经过多年艰苦劳动后完成了，他想得到他最可靠的朋友米尔中肯的意见，就把手稿交给了他。米尔因为有事就把正在看的稿子顺手放了地板上，离开了。超出所有人的预料，女仆竟然把它当成废纸，生火用了。这极具价值的呕心沥血之作，在就快要呈现在世人面前的时候，被付之一炬。卡莱尔知道后悲痛万分，一方面因为这花费了他大量精力和时间的作品就这么灰飞烟灭了，另一方面因为他根本就没有留底稿，甚至连笔记本和草稿也没有。这几乎是一个毁灭性的打击。但他没有绝望，他说："就当我把作业交给老师，老师让我重做，让我做得更好。"随后他又立马投入工作中，重新查资料、做笔记，把这个庞大的作业又做了一遍。

所以，请记住：就算你一无所有，失去了一切东西，你还有你自己，你自身有无限的价值可利用，你有勇气、毅力、尊严和信心，请不要失去它们，这是无价之宝，你需要尽你最大的努力保持它们。

失败——你弱它就强，你强它就弱，一个真正的强者是不会把失败放在眼里的，他认为失败是不值得一提的，那仅仅是他工作中的一个小插曲，就像一只小虫飞到了眼睛里，很容易就能将它排除掉。失败并不重要，在一个真正强者的人生字典里没有失败的概念。

一个真正有毅力和坚定信念的人面对各种各样的打击和失败，都能够淡定自如，临危不乱。当狂风暴雨降临时，懦弱的人退缩了，真正的强人却依然站立，从容面对。

一个人要想成功必须及时清除前进道路上的绊脚石，竭尽全力克服通往成功路上的困难，否则你也注定是一个失败者。其实成功路上的最大障碍就是自己，想要进步就必须艰苦奋斗、胸襟广阔。贪图享乐、自私自利只能让你原地踏步甚至倒退。克服你自身最大的敌人：懦弱、害怕、多疑。征服你的弱点，征服自己，就会征服一切。

★ 面对困难，你应该无所畏惧

对待困难的态度决定你成功与否。面对困难如果你敢于正视它，毫不畏惧，那么这只纸老虎就会夹着尾巴逃跑；相反，如果你不敢正视它，把它当成凶猛的猎物，畏缩不前，那么你就会成为它的口中之食。你越胆小越犹豫，困难就越肆无忌惮，越发不可克服，你只是灭自己志气，长困难的威风；但当你无所畏惧时，困难自然就会消失。

穷困潦倒的塞万提斯在马德里的监狱里写出了《堂吉诃德》，那时候他连稿纸都买不起。有人劝说一位西班牙富人去资助他，那位富翁却说："上帝禁止我去接济他的生活，唯有他的贫穷才能使世界富有。"除此之外，《鲁滨孙漂流记》、《圣游记》、瓦尔德·罗利爵士的《世界历史》也都是在监狱中写出的。

两耳失聪的贝多芬，在穷困潦倒的窘况中创作了他最伟大的乐章，最终成为伟大的音乐家；席勒最著名的著作也是创作于他病魔缠身的15年中；班扬甚至说："如果可能的话，我宁愿祈祷更多的苦难降临到我身上"，以求得到更大的成功和幸福。

帖木儿皇帝的经历也淋漓尽致地诠释了这一点。他被敌人追杀，情急之中躲进了一间破旧的房屋。就在他陷入困惑思考如何摆脱困境时，他看见一只蚂蚁吃力地背着一粒玉米向前爬行，蚂蚁每一次都是在一个凸起的地方连同玉米一起摔下来，他总是翻不过这个坎儿，就这样蚂蚁重复了69次。哦，瞧！到了第70次，它终于成功了！这只敢于挑战困难的蚂蚁的举动极大地唤醒了这个徘徊的英雄，他仿佛看见了不远处的胜利。

如果你真正强大起来，所谓的困难和障碍就会缩小；如果你很弱小抑或只是狐假虎威，那么困难和障碍就真的难以逾越。

成功者从来不会向困难低头，只有那些一事无成的人才向困难屈服。你克服困难的能力就是你成功的能力，你克服困难的次数就是你成功的概率。但凡你想成功，你就要明白这个道理。一个人战胜的困难越多，取得的成就越大。

成功者可能并不善于发现困难，可是却善于克服困难。平庸者往往是善于发现困难的天才，他们在每一项任务中都能找得到困难，可是找到之后却又怯怯地担心，开始恐惧，下一步该怎么办？不停地犹豫和不停地担心，最终使自己退缩。他们每开始一项任务就开始寻找困难，可是他们发现了困难又能怎么样？结果还是为困难所击败。

平庸者们习惯将自己置于困难之下，放大困难，认为它们高大不可逾越，而胜利的决心和勇气却荡然无存。他们总是寄希望于别人，希望别人能够支持他帮助他，自己却不愿意以一点点的安逸和舒适来换取成功。要知道，天助自助之人。

如果好的机会总是不降临在他的身上，他就总是碌碌无为，整天一副郁郁不得志的样子，于是他就觉得是环境造成了他这样。他不是环境的主人而是环境的奴隶，他没有足够的勇气去改变这一切，最终向困难低头。

许多人之所以在社会上无所作为，就是因为他们缺乏自信，只看到困难，遇到困难之后又没有坚定的意志去克服困难、清除障碍。他们想要成功，却不想去完成艰苦的工作，不想付出任何代价。他们没有坚定的毅力，随波逐流，贪图安乐舒适的环境，胸无大志。

在这些人的眼中，好像除了困难什么都没有，他们似乎戴着一副只能看得见困难的有色眼镜。在他们的生活里总是充满着"如果""不能"等一些假设性的、消极的词语。

他们认为，去和上百个申请者竞争一个广告公司招聘的职位那是毫无希望的，如此多的失业者中比他优秀的人很多很多，他怎么可能竞争得过他们呢？如果他现在有了一份工作，那么他会觉得他的同事干得比他出色得多，老板更赏识他的同事，他又怎么能够得到提升呢？

有一个年轻人向我抱怨没有人给他机会开创自己的事业，抱怨命运的不公，他把一切归结于是命运的过错，他认为是命运注定让他平庸，只能为别人打工一辈子。我发现他最大的一个特点就是他到处都能看到不可逾越的困难，并且没有自信心。他告诉我说，如果别人能帮助他开办一个企业，他一定能取得成功。我敢断定他不太可能取得成功，一个乞求别人给机会，自己却从来不会克服困难、没有坚定的信念和毅力的人怎么能取得成功呢？他不具备成功的品质。他承认他害怕面对困难，面对危机时他会不知所措，束手无策，他承认他懦弱，而别人却能泰然自若地面对并克服这些困难。

另一个年轻人告诉我，他一直渴望学到更多的知识，渴望接受高等教育，但他是个"倒霉蛋"，他不如别人幸运，没有贵人资助，也没有一个富翁爸爸，他所向往的一切都让他感到无能为力。我明白这个年轻人其实并不真的渴望求学，他只想借助别人的力量来达到自己的成功。但他注定只能做个自怨自艾的"弃儿"，因为他没有林肯那样强烈的求学愿望。

有的年轻人，有时候还不知道做什么，却已经把成功道路上的困难想好了，但他们却没有想对策去解决去克服，而是把所有精力都用在恐惧困难以及给自己制造借口上。他们无限放大一个小小的困难，用极度悲观的情绪去看待整个过程，直到克服困难的机会一去不复返，他们的信心和激情也被消损殆尽。恐惧的情绪就像久治不愈的疾病，逐渐地陷入恶性循环。他也终将成为一个平庸者或者是一个失败者。

★意志坚定才能成功

具备成功因素（坚定的意志、积极的心态、目标明确、决策果断）的成功者总是能朝着自己的目标勇往直前，去争取胜利，并排除成功道路上千千万万的困难。承担大任的人，始终都有高度的自信，从不怀疑自己克服困难的能力，遇到困难勇敢地面对、果断地解决，他们会紧紧抓住伟大而令人兴奋的目标，并能够为了实现这个目标，付出超乎自己想象的任何代价。意志力让他们坚定目标，所有的困难都变得微不足道。

贝内特在40岁那年拿出了全部财产——区区300美元，在一间简陋的小屋中开始了他的事业。他的办公桌是由一张木板和两个圆桶搭建而成的，公司就只有他一个人，他是编辑也是印刷工，是记者也是出版商，是老板又是勤杂工，这就是他创办《纽约先驱报》最初的样子，伟大的《纽约先驱报》就这样诞生了。

开始，他试图套用一般的做法，但是都行不通，贝内特并没有被失败所击倒，经历了无数次的尝试和失败后，他决定走出一条自己的路。

伟人只关心一个问题："能完成吗？"一切皆有可能，所以不管多少困难都能克服。

俗话说，一叶障目，不见泰山。懦弱的人总是被挫折遮住了双眼，看不见成功。

看到困难并不是平庸者的特权，一个注定成功的人同样会看到，但他却从不畏惧，因为他内心充满了自信，他坚定地相信自己能战胜一切，他相信凭借勇往直前的勇气能扫除一切障碍。

可能阿尔卑斯山在拿破仑眼里算不了什么，并不是因为阿尔卑斯山不可怕，雄伟的阿尔卑斯山在冬天几乎是不能翻越的，但是坚定的意志把拿破仑支撑得比阿尔卑斯山更强大。翻越阿尔卑斯山在法国将军们的眼里似乎是不可能的，但是有一个人的目光早已穿过山顶的积雪，降落在山那边碧绿的草原上了，那就是他们的将领——拿破仑。

当路易莎·奥尔科特第一次感到自己具备写作才能并用她的笔赚了20万美元的时候，她的父亲递给她一张《亚特兰大》的编辑菲尔德先生写给他的纸条："叫路易莎继续教书吧！她在写作这一行永远不会成功。"路易莎说："告诉他，我一定会成为一名成功的作家，有一天我会为《亚特兰大》写稿的。"不久，她为《亚特兰大》写了一首诗，连朗费罗都以为是爱默生的作品。

她在日记中写道："20年前，我决心用自己的力量还清家里欠的债。40岁那年，我做到了。债务全部还清了，包括那些按照法律无需归还的部分。我们还有足够的钱过舒适的生活，尽管这稍稍有损我的健康。"

人生是一张单程票，何不让快乐多一点，其实是快乐还是悲伤多一点完全由我们自己决定。因为快乐所以幸福，让快乐多一点，让幸福的源泉多一点，你的工作也会充满乐趣。把忧虑变成快乐，驱除工作中的痛苦，让生活处处充满惊喜。慢慢地，你会发现，自己变成了一个更优秀的人。

唯心主义者认为外界的事物是你内心的反映，你的态度决定你眼中的事物。只要心中存有乐观向上的力量，你就能冲破黑暗的牢笼，坚定地寻找光明的源头，即使身处痛苦也能找到快乐。

◎ 战胜挫折的强大勇气

战胜挫折的最简单也是最重要的要领——强大的勇气。勇气是信心的前提，顽强的胜利者从来都是让勇气充当行动的急先锋。

面对困难，畏惧和逃避都只能让我们越来越失败，我们要做的是时刻怀揣一种英勇拼搏的气魄，勇敢地去面对并坚信一定能够打垮它。任何事情，只要勇敢地尝试了，多多少少就会有所收获。成功人士都认为一个人之所以不能进步是因为他们害怕失败而放弃所有的尝试机会，只有勇敢地尝试了才能更深刻地体会到事物的内涵。即使尝试失败了，那么这种失败的经历和体验也会为你将来的发展作铺垫和准备。

本田是一个具有坚定信念、不服输的男子汉，他有毅力，有自信，面对困难迎难而上。在20世纪五六十年代，日本通产省制定了有关日本汽车工业的发展政策，政府只允许几个汽车制造厂家存在以期增加日本汽车行业在国际上的竞争力。政府也将会给这几家制造商提供财力支持，这就是日本有名的"特殊振兴法"。那么，也就是说，本田创办的本田技研会社要么被这几家厂商兼并，要么就只能活动在摩托车的领域内。

针对这一情况，本田并未坐以待毙、甘于认输，他正视这一政策带给他的困扰，勇敢地接受挑战。他必须要让本田技研会社进入四轮车的领域，所以他要从生产技术上找突破口，他认真分析了本田技研在生产技术上的特点并最终找出了发展的途径。本田技研会社就是由于这一决定而发展成为今天能够生产各种轿车的"世界的本田"。

面对政府的打压，本田没有退却，而是勇敢地去尝试，迎难而上，才取得了今天辉煌的成就。设想如果当时他恐惧了，面对丰田他甘拜下风，那么现在就不会有人开本田的车了。

对付挫折就像参加比赛，你表现得越懦弱，挫折就越欺负你，这样你必输无疑。哈利先生就职于美国一家大公司，正是因为懦弱，他的一生都在懊悔中度过。和他一起进入该公司的乔治现在已经是公司的董事长了。乔治不怕吃苦，不轻易服输，敢冒风险敢承担责任，所以他晋升很快。哈利也有很多次晋升机会，例如他在公司待了5年后，有一次公司要他到美国南部去掌管"南方的分公司"。但是他因为害怕承担职责而拒绝了它。他找一些借口拒绝了一次又一次可以让他晋升的绝好机会，只能拿着7000元的年薪过日子。就连他的儿子也因为他的懦弱而看不起他。

在哈利先生的一生中，他不敢承担责任，没有勇气真正地面对生活，他总是犹豫，害怕挺身而出。而当一切为时已晚的时候，他只能扼腕叹息、悔不当初。哈利和数以百万计愚蠢的人一样，把自己套牢在一只没有回升能力的心理股票中。

如果你想消除胆怯的心理并且获得勇气，那么你要这样做：

1. 从今日起渴望成功

成功者在成功的道路上从来都是不安于现状、不断进取的人。如果你想成功，请从渴望开始。

2. 走出自我的世界

现实生活中，不少人蜷缩在自己编织的象牙塔里孤芳自赏，与外部世界隔绝，这样的人没有遇见过大风大浪，一直处在安逸的环境中，必然会畏首畏尾。碰到困难，他们因为不知道该怎么办，所以选择退缩或者选择消极的态度去应对。这样的人想找到自己的勇气其实很简单，只要勇敢地走出象牙塔，融入外部的世界，他就会惊奇地发现，原来江山是如此多娇。

3. 汲取别人的精华

勇气是我们成功所必须具备的，而鲁莽则是我们成功所必须摒弃的。只有吸收前人的经验，站在前人的肩膀上，才能让自己更自信，激发我们突破求新的勇气。活到老学到老，只有学习才能不断地充实自己。借鉴本身就是一个学习的过程，只有这样才能做到不断地提升自己。

4. 理论永远和实践并肩

没有调查就没有发言权。没有经过实践，说出来的话、做出来的事是站不住脚的，因为没有亲身经历过，自己的理论就不知道可不可行。实践出真知。光有理论，而不实践，照样会产生心虚的感觉，因为你毕竟没去做。所以，实践和勇气是成正比的，实践越多，你就会感到越自信，顾虑就不会那么多，也会越有勇气。

◎ 热忱是一种力量

★始终充满热忱

伟人大都是相同的，卡耐基的办公桌和镜子上挂着同样一块牌子。无独有偶，麦克阿瑟将军在南太平洋指挥盟军的时候，办公室墙上也挂着一块牌子，上面都有着同样的座右铭：

你有信仰就年轻，疑惑就年老；有自信就年轻，畏惧就年老；有希望就年轻，绝望就年老；岁月使你皮肤起皱，但是失去了热忱，就损伤了灵魂。

只有充满了兴趣，我们才能把想要做的事做好。培养并发挥热忱的特性，我们就会充满激情和兴趣。无论是泥瓦匠还是高层的管理者，只要他是一个充满热忱的人，不管做什么事情都会充满兴趣，并且积极投入。无论这件工作多么棘手，或者需要付出多大的精力。如果一个人对自己的工作充满热忱，他就会怀揣成功的希望，把每一粒细胞都调动起来努力实现自己的目标。拥有这样态度的人一定会成功。爱默生说过："有史以来，没有任何一件伟大的事业不是因为热忱而成功的。"当你想要做一件事，热情不停地驱赶着你，并且折磨得你无法入睡的时候，你就要成功了。

在我们的潜意识里，热忱是一种极具感染性的意识状态，而意识向来对物质都有反作用。热忱对一个人的反作用就是鼓舞和激励你对手中的工作立刻采取行动。这种反作用就像感冒，会传染给其他具有一样热忱的人。

把热忱放到工作里，你就会变得势不可当、无坚不摧。而当热忱变成一种态度，即使是再枯燥的工作也会变得生趣无限。因为热忱随时像发动机一样驱动着你，让你身体的每个细胞都充满活力，帮你驱赶疲倦，让你以最少的时间获取最多的成功，让你的工作事半功倍。这对管理者是很重要的，一个好的管理者必须能够最大限度地调动员工的工作热忱，让员工心甘情愿并且快乐地工作。伟大的领袖们正是这样做的。

热忱并不是空无一物，它是一种力量，一种伟大的重要的力量，它可以为任何想成功的人所利用，让他们发现自己所不知的优秀品质。

有些人很幸运，天生对任何事物都充满热情，可是有些人却必须经过后天的努力才能获得。如果你还不知道自己的目标在哪里，那就带上热情，从现在开始从事你喜欢的工作或者提供你最爱的服务吧！

1. 热忱能带领你迈向成功

全球最有名的人物之一沃尔特·迪士尼，之前不过是个一贫如洗的无名小卒，然而他却凭借着一只风靡全球的米老鼠让自己声名鹊起，疯狂的工作热情使他一举成功。

迪士尼曾说："与其储蓄几百万美元，倒不如做些好电影来得有趣。"他原本是住在密苏里州的堪萨斯城，当一名画家是他的梦想。有一天，他拿着自己的画到堪萨斯城《明星》报社找工作，他的画没有得到总编辑的赏识，并且说他完全没有画画的天赋，他只好垂头丧气地回家了。不久，他费了好大劲在教会中找到了一份薪资很低微的工作，在那儿绘图。因为没有办公室，他只好在父亲的汽车厂的办公室里画。环境的恶劣和他的努力是可想而知的，然而那个让他成为全球巨富的构想，也是在这个充满汽油及润滑油气味的汽车厂里被激发出来的。

事情的经过是这样的。那天迪士尼正在画画，突然一只小老鼠跑了出来，在汽车厂里窜来窜去。迪士尼便停止了画画，伸手去喂小老鼠面包屑，慢慢地，小老鼠和迪士尼变成了朋友，有时候甚至爬到画板上去。没多久，迪士尼便前往好莱坞创作他的卡通影片《奥斯沃特与兔子》，但是一系列的画都以失败而告终。他又成了无业游民，恢复他以前的状态——一文不名。

有一天，他正在家里因为没有工作而烦恼时，忽然想起了那只在他家乡的汽车厂里窜来窜去的小老鼠。迪士尼立刻着手描绘小老鼠——这就是米老鼠诞生的经过。那只恐怕早已死去的小老鼠，就是全世界为之疯狂的电影巨星"米老鼠"的原型，今天，米老鼠风靡了整个世界，它是电影界收到影迷信件最多的明星，它比任何一个电影明星都受欢迎，它的舞蹈在世界不同国家播放。米老鼠影片中，米老鼠角色的配音和许多其他动物的配音，全都是由迪士尼自己来完成的，所以他每周一定要去动物园研究动物们的叫声。卡通影片制作所需要的大量原画，必须是一张一张地画，这光靠一个人的力量是完不成的，还有台词的撰写，因此这些工作需要大批助手的帮忙。

电影的构思则由迪士尼全权负责，他全身心地投入到这项工作中，只要有一点进展，就立刻和本部的助手们共同协商。有一天，他提出了一个新的构想，想将母亲给他讲过的三只小猪与狼的故事改编成卡通电影。可是除了迪士尼之外其他的人都表示不可行，只好取消。尽管这样，迪士尼还是耿耿于怀，曾经多次提出此构想，但都被否决掉。凭借高昂的工作热情和热忱的工作态度，他一次又一次地提出他的计划。

最后大家决定先试试看，但是都没有抱任何希望。而且，大家决定《三只小猪》的制作时间绝对不能比米老鼠的长，米老鼠用时90天，《三只小猪》用时60天。但是结果出乎所有工作人员的预料，该片竟然受到了全国人民的热烈喜爱。它的主题曲风靡全国，从平原到高山，从农村到都市，从棉花田到苹果园，都在感受它的魔力，据迪士尼自己说，该片在电影院总共上映了7次之多。在卡通影片的历史上，这是史无前例的。

今天，估计没有人不知道米老鼠。米老鼠的成功应该归结于迪士尼对工作的热情。所有成功的秘诀都在于热忱地进行工作——这是沃尔特·迪士尼的信念。在他的观点看来，单纯地赚钱毫无乐趣，那只是让他生存下去，而工作却让他活得精彩，工作是他生活的乐趣。比起游乐，工作可以令他发现更多的乐趣。

2. 热忱能让你转危为安

对一个销售人员来说，没有了热忱就像是鱼儿离开了水。成功的销售人员都明白热忱的心理的重要性，成功的销售经理都试图以各种方式把这种心理灌输到销售人员那里，因为一颗充满热忱的心会让他们达成更多的交易。几乎每个公司的销售部门都有开早会的惯例，这就是要激发销售人员一天工作的热情，鼓舞销售人员的士气。定期举行检讨会也是一样，让这些销售人员把热忱灌注到日常的工作中。

有人又叫这种销售检讨会为"复活会议"，原因很简单，这种会议的目的只有一个，那就是重新唤醒销售员身体中的野心和精力，让他们时刻充满热情。

休斯·查姆斯在"国家收银机公司"任销售经理一职期间，曾经面临了一种最为尴尬的情况，很可能因此使他及手下的数千名销售员一起被"炒鱿鱼"。这是因为在外面负责推销的销售人员知道了公司的财政发生了困难，大家害怕公司倒闭他们拿不到薪水，于是所有人的精力都被分散到恐惧失业上，员工也便失去了工作热情。销售量开始持续下跌，随着情况越来越严重，销售部门不得不召集全体销售员开一次大会，这次会议召集了全美各地的销售员。查姆斯先生亲自主持了这次会议。

首先，他把几个平时最好的销售员叫了起来，让他们分析一下销量下降的原因，他们好像有满腹的委屈和悲惨的故事无处申诉，现在终于可以说了：竞争激烈，行业不景气，总统选举，资金缺少，等等。

当第五个销售员开始讲到他不能完成任务时的种种窘况时，查姆斯突然跳到一张桌子上，高举双手，要求大家肃静。然后，他说道："安静，大会暂停10分钟，等我把皮鞋擦干净。"然后，他命令坐在附近的一名黑人小工友把他的擦鞋工具箱拿来，并让他把鞋擦亮，而他就站在桌上不动。所有在场的销售员都惊呆了。他们开始窃窃讨论开了，大家都认为查姆斯疯了。与此同时，那位黑人小工友不慌不忙地给查姆斯擦着鞋子，表现出娴熟的擦鞋技巧。过了一会儿，皮鞋擦完了，查姆斯给了那个小工友一毛钱，然后大会又重新开始，他说："看到这位小工友你们有什么感想？"大家纷纷摇头。他接着说："对于这位小工友的行为我希望你们好好思考思考。在他前面的是一位白人小工友，比他年长几岁，他们拥有一样的特权，可以在我们整个工厂和办公室里擦皮鞋。可是尽管工厂里有数千名员工，而且公司每周还补给白人小工友5元薪水，但他还是不能满足自己的生活需要。而这位黑人小朋友在不需要公司补给的情况下不仅满足了自己的需要，而且每周还可以存一点钱出来，他和白人小朋友处在同一环境之中，同一家工厂，同样的工作对象。可是那位白人小朋友却拉不到更多的生意，试问是他的错还是顾客的错？"所有在场的销售员都齐声回答说：

"很明显，是那个白人小男孩的错。"

"很正确。"查姆斯回答说，"现在再看看你们，我提醒你们，你们就和那位白人小工友一样，你们工作和去年相比也是在同样的地区，同样的顾客，同样的商业条件，可是为什么销售成绩却不如去年呢？这是你们的错还是顾客的错？"答案和刚才如出一辙：

"当然，是我们的错。"

查姆斯很欣慰地说："我很高兴你们能够承认你们的错误。知道你们错在哪儿了吗？我现在告诉你们，你们听到了公司发生财务危机的谣言，影响了你们工作的热情，所以就不像以前那样努力。只要你们回到以前的工作状态，在30天内每人卖出5台收银机，我保证公司就不会发生财务危机了，以后再卖出的，都是净赚的。你们愿意这样做吗？"

大家都一致同意，后来果然办到了。

这个事件记录在"国家收银机"公司的历史上，名称就叫《休斯·查姆斯的百万美元擦鞋》，因为这件事扭转了该公司的逆境，价值100万美元。

一个拥有热忱的人是永远不会失败的，就像阳光照耀大地，哪里有热情，哪里就会充满希望。如果你是一个时刻充满工作热情的上司，那你的员工必定和你一样。

3. 对工作毫无热忱的人会到处碰壁

"十分钱连锁商店"的创办人查尔斯·华尔沃兹也说过："只有对工作毫无热忱的人才会到处碰壁。"查尔斯·史考伯则说："对任何事都热忱的人，做任何事都会成功。"

一个对任何事情都充满热忱的人，就像一个巨大的磁场，他会吸引一切机会、人脉、好运的垂青，即使身处黑暗之地甚至绝境，也总是能得到幸运女神的引领。因为他的热情与活力会让好运发现他，没有人会拒绝一个充满干劲的人。

著名的人寿保险推销员法兰克·派特曾经这样讲述自己的成功经历：

1907年，我刚转入职业棒球界不久，就被开除了，这是我有生以来遭受到的最大的打击。球队的经理因为我的动作无力，而有意要开除我，并对我说："你这样的动作哪像是一个老球员？法兰克，你要记住，不光是在球场，无论你在哪里工作，如果没有热情，你将永远不会有出路。"

随后，我参加了亚特兰斯克球队，那时我的月薪只有25美元。尽管薪水那么少，我还是决定试一试。抛开薪水的因素，让工作充满热情，差不多过了10天，老队员丁尼·密亨把我介绍到新凡去。在那里，我的一生开始转变。

对于我来说，那个地方是我新生的开始，那个地方没有人知道我的过去，于是我决定立马采取行动变成新英格兰最具有热忱的球员。

我时刻充满着热情，以最好的状态上场，就好像全身带电一样。用强力投出的高速球也像带了电一样，接球的人双手都麻了。有一次，我用强力投出的高速球冲入三垒，那位三垒手惊呆了，竟忘了接球，我成功了！我在气温高达100华氏度（约38摄氏度）的球场上来回奔跑，很可能因为中暑而晕倒。

热忱的态度带来的结果是惊人的，它能产生巨大的作用：

1. 它消除了我心中所有的恐惧，让我的技能得到超常的发挥。

2. 我的热忱得到了传播，也感染了其他的队员。

3. 热忱可以战胜一切疾病，比赛中我充满活力，比赛后，我非但没有中暑而且从没感到过如此的健康。

这种兴奋的状态一直持续到第二天早晨。我读报的时候，报上说："那位新加进来的派特让全队的人都充满活力充满激情，他简直就是一个霹雳球。他们取得了胜利，这不光是他们本身的胜利，还是本季球赛的胜利。"

我的热忱让我的薪水由25美元变成了185美元。

这一股热忱让我在以后的两年里一直担任三垒手，薪水增加了30多倍。

后来，由于手臂的伤痛，派特不得不退出棒球界。不久，他去了菲特列人寿保险公司当保险员，随后的一年里他都很苦闷，因为一年里他都没有什么成绩。他意识到一直这样下去是不行的，所以他就又变得和当年在棒球场上一样热忱起来。经过坚持和努力，他就成了人寿保险业的知名人物，他不断地被邀请去演讲自己的经验，不断有人请他撰稿。

他说："我在保险销售业混了30年，见到过各种各样的人，有些人对工作十分热情，同样，他们的收入也是成倍增加。而有一些人，常常因为缺乏热忱而穷困潦倒。我坚信只有热忱的心态才是一个人成功最重要的因素。"

从法兰克的事迹中可以看出：想成功做好一件事的必备条件就是热忱。热忱的态度让你感觉工作就是享受，每时每刻你都会处在欢愉之中。如果你能够把这种态度付诸实践，那么你一定会成功。

★ 如何培养热忱的品质

伟大的物理学家、诺贝尔奖获得者、参加过雷达和无线电报发明的爱德华·亚皮尔顿说过这样一句话："我认为，一个人想在科学研究上有所成就，热忱的态度远比专业知识来得重要。"那么，我们要怎样增强我们的热忱之心呢？

1. 看透事物的本质

如果对一件事物的了解只停留在表面上，而不去深入地挖掘，那么你永远不会对这件事产生兴趣。

一个东西你感不感兴趣，首先你要了解它，一位伟人曾经说过：如果你想了解某些东西，想要对某些东西热心，那么你就应该先学习更多你目前尚不热心的事。随着你对这件事物了解的增多，你就会觉得它是多么有趣，你的兴趣就来了。当你不喜欢而又不得不做某件事的时候，也可以照办；当你对一件事慢慢地失去了兴趣的时候，也可以那样做。兴趣是建立在完全的了解上的。

2. 用一颗热忱之心做事情

用热忱之心做每件小事。比如当你向别人说早安时，要面带微笑，展示朝气蓬勃的气息；和别人握手时，要紧紧握住对方的手，并面带微笑地说：很高兴认识你。当你向别人表示感谢时，也必须是真心实意的。同样，在你的行业中，你对这项工作热不热心和有没有兴趣一眼就可以看出来，有热情的人时刻在学习，没有兴趣的人永远在打瞌睡。

3. 把好的事情与别人分享

我们可能都有在不同的场合向某人说"我有一个好消息告诉你"的经历，这时你就会发现周围能听到这句话的人都在看着你，等着你把这个好消息说出来。可见好消息是可以引人注意的，而且没有人愿意驱赶好消息的散播者，同时好消息还可以引起大家的热心与干劲，听到一个好消息你还可能胃口大开。

每天上班，把好消息带给同事，让大家一天都有一个好的心情。多多鼓励和夸奖，不论在任何场合。每天回家，把好消息带给家人，告诉他们今天发生的好事情、有趣的事情，忘掉不愉快的事，让他们带着好的心情结束一天。公司里优秀的销售员都是带着一颗热忱的心去拜访他的客户的，并经常只把好的消息散播给他的客户。

而散播坏消息的人只能让大家一次又一次地灰心丧气，久而久之，大家见了他就像见到疾病一样。这样的人永远得不到朋友的欢心，也将永远一事无成。

在我们的印象里，银行是一个严肃和容不得一点差错的地方，银行董事长都是些冷酷顽固的动物，他们是典型的"晴天借伞"的那种人。不过美国东南部最大的银行——南方市民银行的董事长密尔·霍尼先生恰恰是一个相反的银行董事长，他总是用一种玩笑似的口气和顾客沟通："早安！这个世界真不错。我有没有机会借钱给你呢？"正是这种没有银行家派头的语气让他赢得了更多客户的认可。

4. 时刻记住"你很重要"

广告中我们大多听到过这样的话："专为高端人士所设计""聪明的妈妈（宝宝）用……""精明的少妇都使用……""想成为人人羡慕的对象就用……"这些广告语在不断提醒大家：使用这些产品你就会进入上流社会，实现你的愿望，这些产品值得你去购买。广告商让我们觉得我们被仰视，我们很重要，所以我们会心甘情愿地掏腰包。

没有人喜欢听到别人对自己说："你只不过是一个再普通不过的人，只是个无名小卒，你的话对我没有任何作用。"如果你经常用这种态度对待周围的人，不久以后大家都会弃你而去。反之，如果你让对方时刻都觉得自己很重要，那么他也会用同样的态度回报你。

5. 让自己对每件事都采取热忱的行动

如果你想让自己对于一件事更感兴趣的话，那就深入地了解它吧！深入地发掘它，搜集更多它的资料，研究学习它，这样你就会发现你已经爱上它了。

卡耐基有过相同的经历。在他慢慢地发掘和研究并写了一本关于林肯的书之后，卡耐基由原先的不崇拜林肯，变得非常热忱地崇拜他。可是卡耐基不能像崇拜林肯那样去崇拜与林肯齐名的华盛顿，因为，对于华盛顿，卡耐基并不了解多少。

卡耐基的太太陶乐丝也是一个例子。陶乐丝因为不知道多少林肯的事，所以她并不崇拜林肯，可是她对莎士比亚的崇拜就像卡耐基后来对于林肯的崇拜，因为陶乐丝几乎是研究莎士比亚的权威专家，提及莎士比亚，她就会兴奋得像个小孩子。

怎样才能创造出共同的热忱？那就要用我们的热忱把别人的积极性调动起来，促使他们谈论自己感兴趣的事，那么说话的人就会不自觉地表现出生机来。这在教学方面是极为重要的，我们要发现孩子们的内心，从内心下手。

6. 区别热忱和大声讲话或呼叫

热忱是一种内心的感受，是一种激情洋溢的表现。这种兴奋不是张扬的，它是一种被抑制的兴奋，如果你心中充满热忱，那么它就会从你的眼神、你的面部表情，以及你的行为中折射出来。你的精神振奋，而你的振奋也会鼓舞别人。大声讲话和呼叫只是你的外在表现，很多情况下，它们和热忱表达相反的意义。

7. 热忱建立在身体健康的基础上

体力和精力是我们一生成功的资本，同样也是热忱精神的载体，一个行动充满活力的人，他的精神和情感也会充满了活力。每天早晨在公园里、在马路上，我们都会看到很多人在晨练，他们当中有商业精英、教师、专业人士等等，这不仅可以让他们强身健体，还可以激发他们一天的热情和活力。

8. 别忘对自己说些激励人心的话

教练经常对他的球员们作一番精神讲话，来鼓舞他们的斗志，销售经理也用精神讲话来鼓励销售人员，还有其他人员用来鼓励一个团体。同样，自己对自己作一番精神讲话也是很有效的，尽管它不普遍。无论是工作还是求职，对自己来一段精神讲话，你会讲得更好，也更容易成功。一个业务员在见客户之前对自己说些鼓励的话，那么他成功的概率会大大地提升；如果一个求职者在面试之前作一番精神讲话，那么他很可能会被录用。

纽约的一位小姐正确运用了热忱而使她得到一份自己想要的工作。她毕业于秘书学院，所以想找一份医药秘书的工作，可是，医生都因为她没有这方面的工作经验而拒绝录用她。于是她想到了，或许她应该用热忱来打动面试官。在她又一次去面试的路上，她对自己说："我必须得到这份工作，而且我能做好这份工作，因为我是一个勤劳自律的人，我懂得这份工作，医生会把我当成不可缺少的人。"

她不断地重复着这句话直到进办公室的前一秒钟。她昂起头自信地走进办公室，并用她的热忱回答了问题，这位医生马上就雇用了她。后来，医生告诉她，他本没有打算录用她，因为她的申请表上写着没有任何工作经验，可是和她谈了话之后，他觉得应该给她一次机会。在得到工作之后，这位小姐并没有把热忱抛之脑后而是把热忱带进了工作，并成为一名很好的医药秘书。

南非一家出租起重机给承包商的公司里有一位名叫阿尔夫·麦克衣凡的销售代表，有位被他称为"史密斯先生"的承包商，脾气总是很暴躁，而且非常粗鲁无礼，见了两次面，"史密斯先生"都拒绝听他解说。可是麦克衣凡仍然坚持见他第三次。当第三次见到"史密斯先生"的时候，他又在对一个销售员大吼大叫，那位销售员吓得浑身发抖，而"史密斯先生"也是满头大汗。

面对这样的情况，麦克衣凡决定以他的热忱来开始这次对话。他走进办公室，"史密斯先生"又转向他吼叫："你怎么还来？你到底想要什么？"他还要说下去的时候，麦克衣凡用微笑平静而又热忱的声音打断了他："我要你租我所有的起重机。""史密斯先生"惊呆了，很长时间没有说话。

他让麦克衣凡在办公室里等着他，一个半小时后他回来了，很惊讶地说："你怎么还在这里？"麦克衣凡用热忱的态度说："当然了，因为我有非常好的计划要给你，我必须在你听了之后才能离开。"结果很明显，他们签了一年的合约，而且还有一个长期的合作。

做事情之前自己对自己来一番精神讲话，你会发现任何的困难都阻挡不了你，你将会有很大收获。

9. 时刻检讨自己

时刻检讨并反省自己对工作、对生活是不是够热忱？检讨自己对于外界、对自己、对人生的态度和看法，检讨并付诸行动。你的内心常常会有多种情绪在抢夺主导地位，处于主导地位的情绪就会左右你的言行。如果你的内心时时刻刻都充满着自卑、忧郁、失败主义等病态的心理，那么你的言行也将受它们支配，热忱就会失去它赖以生存和成长的基础，出现消极、不健康的症状，甚至可以毁掉你的一生，吞噬你的生命。

那么怎样才能改变呢？很显然，必须要消除自卑、抑郁这些病态的心理。这还是要看自己所做的努力，经常性地鼓舞自己说："我是上帝的宠儿，所以我每天都是幸运的，每天都是幸福的。争取每一次的机会，得到我想要的，我不怕失败，我会尽力去做。我的努力可以让我变得更快乐和充实，我是一个健朗、向上、热忱的人。"如此不断地鼓舞自己，给自己打气，用这样的心态去对待你的工作和生活，你就真的会走运。

有一个几乎要对自己的事业绝望的人，在短短的时间内，又让自己的事业有了很大的起色，这到底是什么原因呢？用他自己的话说就是："我改造了我自己。我曾经被抑郁、自卑、焦虑这些病态的心理折磨得非常痛苦，但是在经历了一场心理战争后，我决定改变这一切，于是我尝试着对每一件事都作出非常热心的样子，对每一个人也要热心，让热情时刻充盈着我的生活。慢慢地，我又重新唤起了自己对生活、对工作的热忱。让热忱取代沮丧和烦恼占据我的思想，我重新获得了快乐，并得到了充实的生活。我也会一直保持着那一份热情。"

10. 你应该明白你是个天生的冠军

每个人都是独一无二的，遗传学家阿蒙兰·辛费特曾说过：在世界的全部历史上，从来没别人和你完全一样，在那无限遥远的将来，也绝不会再有另一个你。

你天生就是一个特殊的冠军，在你出生前就已经决定了。为了生存，你在那个狭小的房间里进行了优胜劣汰的殊死战斗。数以千万的精子都在争夺那一个目标——卵子，可想而知，胜利的希望是多么渺茫。最后，一个健康顽强的精子经过艰苦的奋战，终于和卵子结合了，形成一个受精卵。于是，你就开始孕育，享受作为冠军的待遇，不断地汲取营养，慢慢地长大。一代又一代胜利者的创造才让人类得以繁衍，而创造你的人——你的父亲和母亲，也是由上一代的胜利者所创造出的胜利者，所以你继承了你的父亲和母亲以及他们的祖先所提供的一切遗传特性，所以不要怀疑，你就是独一无二的胜利者。你从你的父亲和母亲那里继承了为达到目的所需要的一切能量。所以，与生俱来的冠军，当你面对现实中的困难和挫折，无论它多么强大，你一定会克服的；无论目标多么高远，也一定会达到。

如果你能认识到对于活着的人，胜利只是早晚的事情，那么一定会激起你无比坚定的自信和热情。

11. 杜绝安于现状

一个成功的人，是绝对不会沉浸在自己小小的成就中的，他时常提醒自己不能安于现状，常常激发自己的灵感。

几乎每个人思考问题的时候都会被一些消极的感觉所打扰，例如：消极的情欲、观念、习惯等，它们让你作出错误的判断。它们就像蜘蛛网一样束缚着你的心灵，缠绕着你的思想，即使最聪明的人也避免不了。它们可大可小可强可弱。其中，惰性当属最强大的蜘蛛网，让你安于现状、一事无成的就是惰性，它让你不能及时地抗拒或停止在错误的道路上前进，最终摧毁你的一生。

要想克服惰性，必须永不满足，它能使你由失败变成功、由悲伤变得快乐、由疾病变得健康……贫穷的人之所以贫穷，就是因为他安于贫穷，认为自己命中注定贫穷，这种贫穷的思想在缠绕着他，而他从来没有启发心灵去改变这一状况，去创造富足的生活。那么怎样才能由穷变富呢？只要你启发心灵对贫困现实的不满，激发你创造的动力，那么你就会变得很富裕。

惰性是完全可以克服的，蜘蛛网也并不是对谁都管用的，碰到硬壳的甲壳虫，也许能冲破它，更何况人是世界的主宰，有着对事件绝对的控制力。那么只要你以积极的心态启发心灵的不满，消除你心中由那些消极的心态编织成的蜘蛛网，你就会成功。

可以说，**永不满足是成功和富裕的原动力。**

12. 热忱的行动是关键

思想和行动都有将感情从消极变成积极的效力，但是，行动总是领先于感情，而不论行动是实质的还是心理的。心理学家威廉·瓦特曾经说过：理智是不能立即支配感情的，而行动却可以做到这一点，你的感情也是经常性地受行动的支配而不是受理智支配。所以如果想让你的感情变得热忱，那么先让你的行动变得热忱起来吧！

所以时刻激励自己：只有行动有热忱，才会有热忱的心态。并且牢记它，让这句话慢慢渗入你的潜意识中去，当你做事情遇到困难而没有精神时，或者穷困缠身时，想一想这句话，潜意识中你会觉得你应该怎么做，那就是，等待时机一到，立刻采取行动，用积极的心态面对困难，唤醒你心中的行动之神，现在就做。

13. 不断给自己希望

希望能激发人产生成功的欲望并付诸行动。不断给自己和他人希望是利用积极心态获取成功的必经之路。那么怎么给自己和他人希望？其实，希望是激励的一种结果，激励是要产生一定效果的行为，激励能激发起希望，激发起动机，而它们又可以使人们产生行动。

在这里给希望下一个定义，它就是：人们想要获取某种事物的欲望再加上可以得到它的自信。

美国前总统亚伯拉罕·林肯，在他20岁以后的30年里经历了各种各样的打击，生意一次又一次的失败、爱侣的去世、精神的崩溃、角逐议员三度落选、提名副总统落选等等，但是正是这个"大失败者"内心宏伟的希望没有让无数次失败的他最终泄气，他以积极热忱的行动去实现希望。最终他在52岁的时候竞选上了总统。

所以，一个内心具有希望和欲望，并有坚定信念的人，那么他一定是一个有热忱的人，这个热忱的人会用热忱的行动把希望变成现实。

14. 勇敢地挑战自我

不违背客观规律的、你能想象到的并且相信的任何一件事都能够实现，你都能用乐观积极的心态去实现。勇敢地向自己挑战。做一件事情，尽自己所能做到最好；做同一件事情，要比上一次做得更完美，这就是改变你自己的法则。

向一切消极的东西宣战。勇敢地向怯弱挑战、向不幸挑战、向失败挑战、向穷困挑战……向你一切不满意的事物挑战，把他们当成蚂蚁一样的弱小者，那么你会更强大，你因此也会变得幸运、成功、富有，世界也会更美好，这就是你改变世界的定则。

其实，每一个问题中都包含着解决问题的办法，所谓棘手的问题，不过是办法难找了一点；

每一种不幸，都包含着或多或少的幸运种子，所谓"危机"同时包含着"危险"和"机遇"；

每一种困难，都提供给我们发现解决这种困难的能力的机会，每个人都有独特的天赋和能力去克服特别的困难。

因此，勇敢地挑战自己，用一种积极的心态作为人生的指引，敢想敢干。没有什么事情是不成功的。

15. 在极端困难的条件下，要有"破釜沉舟"的勇气

这是一个广为流传的故事：古代的一位将军以寡敌众，想用少量的士兵来冒险获胜，于是在渡河后，下令将船只全部凿沉。在发动攻击之前，将军严肃地对士兵说："战船已经全部被毁，如果我们不胜利，没有人会活着离开这里。我们要么胜利，要么战死，别无他选。"

结果他们真的胜利了。这就是中国古代著名的"破釜沉舟"——置之死地而后生的历史故事。有时候在极其困难的情况下，如果我们还想胜利，那么就不能给自己留退路，必须把所有的退路切断，把所有可以利用的船只烧掉，只有这样，我们才能逼迫自己时刻保持必胜的信念和热忱。这是一个人取得成功必备的条件。

◎ 控制一切的自制力

★一定要有自制力

1. 有自制力才能抓住成功的机会

看似普通的生活经验，往往包含着伟大的生活原则，生活中的琐事也往往酝酿着真正的机会，可是大多数人都不会去仔细观察它，以至让绝好的机会从

我们身边悄悄溜走。

2. 培养自制力的七个步骤

怎样才能让自己与众不同？怎样才能成功？你应该考虑一下制定一定的步骤，采取一个特别的方法，让自己一步一步地完善，那就是"七个控制"。

（1）控制自己的时间

时间就像流水一样，稍不注意就会流逝，那么你就需要时刻把握你的时间，让它得到最充分的利用，什么时间工作、什么时间休息、什么时间烦恼……如果你控制得好，安排得好，你这一天的生活就会过得很充实。虽然客观环境是超出了人的掌控范围的，可是属于我们自己的东西能够任由我们支配，就像时间。时间就是生命，就是金钱，珍惜时间就是珍惜生命。今天的事情不要拖到明天去做，当我们能合理地控制时间的时候，我们就能改变自己的一切。

（2）控制思想

我们能够支配大脑，当然同样也可以控制思想。生活中有很多幻想和计划，并不是不能够实现的，但它必须在经过一定的刺激之后，才能催生我们强大的控制思想和实现理想的动力。想象性的创造也是因为受制于我们自己，才能够得以实现。

（3）控制接触的对象

我们无法选择自己所处的时代，但是我们可以选择工作和生活的环境；我们无法选择工作和生活所要相处的全部对象，但是我们可以选择和谁度过最多的时间，我们也可以选择和谁成为新朋友。控制自己接触的对象，接近那些了解你、信任你、鼓励你的人，找出值得你学习的人。

（4）控制沟通的方式

沟通的方式直接影响到我们沟通的质量。沟通最主要的目的就是聆听和吸收，我们可以通过控制说话的方式来达到我们想要的最佳效果。当我们沟通的时候，恰当的内容和方式能使聆听者获得更多的价值，彼此也更加了解。

（5）控制承诺

我们安排合理的时间，选择最有效果的思想、交往对象与沟通的方式。要想使这些好的条件组合起来，达到预期的效果，我们就必须给它们安排一定的次序和期限，让它们成为一种契约式的承诺，然后按照这个次序，逐步地将其实现。

（6）控制目标

所有的条件都已经具备，就只剩下拟定一个长期的目标了。这个目标就是我们生活和工作的理想。有了这个终极的目标，我们的生活就好像有了一个指向标，我们的生活就有了一项计划，我们因此会充满信心和勇气。

（7）控制忧虑

每个人都想做一个快乐的天使，可是面对一些不尽如人意的事，大多数人都会表现出很强烈的焦虑，都会产生情感上的反感。人们必须对自己的行为负责，什么样的行为导致什么样的结果。在漫长的人生旅途中，我们会遇到各种各样的困难，为了克服这些困难，我们必须从事具有挑战性的工作，在这一过程中，我们获得成就感。控制忧虑的方法就是不断地努力，只要你付出了努力，你所播种的种子一定会有收获。就像我们的工作，先提供劳动，才能获得薪资和福利。真正回报给自己人生的一切，取决于你所贡献的质与量。

★学会控制自己的情绪

1. 生活中常见的非理性因素

生活中，我们会常常因为某件事控制不住自己的情绪，而做一些让自己懊恼的事情或者说一些悔不当初的话。导致我们不能控制情绪的原因就是生活中的非理性因素，那么生活中的非理性因素有哪些呢？只有了解了这些，我们才能更好地控制自己的情绪。

现实生活中，我们在脑海中形成对外界事物的观念，对它们作出评价，这一系列的判断和决策都是在我们的内心世界里进行的。只要我们用主观的心理世界来观察和认识事物，那就不可避免地受到非理性因素的干扰，使我们的认识和判断产生偏差。这样的非理性因素很多，经验的匮乏、知识的局限、观念的偏差、感官的限制有可能影响我们认知的准确性。其中，影响因素最大的是情绪的介入和干扰。

生活中常见的非理性因素如下：

（1）嫉妒

嫉妒会导致罪恶。如果一个人产生了嫉妒的情绪，当他面对比自己优秀的成功人士时，他不是虚心去学习，而是对他们充满仇恨，他自己也终日生活在阴暗的角落里，见不到光，不能光明磊落地说和做。如果嫉妒在一个人的心中积累得越来越多，可能还会危及他人。嫉妒的人始终伤害的是自己，它让人心中充满恶意和伤害，让人变得消沉，他把大把的时间和精力花在日复一日的怨恨当中，而不是积极的进取上。如果一个人的心中充满了嫉妒，那么他距离成功也就越来越遥远了。

（2）愤怒

愤怒是生气更升一级的状态，它比生气严重得多，它会让人失去理智思考的机会。愤怒的形式多体现在你的行动和语言上。一时的愤怒可能让你从此失去一个最好的知己，可能让你失去一个合作多年的客户，这些往往都是你无法弥补的损失。一时的愤怒可能让你的形象在老板眼里大打折扣，也可能让别人对和你的合作产生疑虑，这些都需要你付出昂贵的代价。同时愤怒时，你会变得蛮不讲理，失去解决问题和冲突的好机会。

在愤怒的支配下，你失去了合作伙伴，损害自己以及别人的物质利益。但这不是最重要的，最坏的后果是：你对别人的面子置之不理，完全抛弃了别人的尊严，严重损害了别人的感情和自尊。虽然这不是你理性的本意，但是说出去的话再也无法收回。你的愤怒完全将你毁灭了，如同自绝后路。如果你渴望成功，如果你必须成功，那么请丢掉愤怒吧！它是不受欢迎的，你应该而且必须从你的生活中把它赶走。

（3）恐惧

适量的担忧能够消除阻碍成功的不利因素，而过分的担忧则可能导致恐惧。如果一个人对一件事恐惧，他就会躲藏起来，不敢面对这件事，更别说勇敢地接受挑战。产生恐惧情绪的原因，可能是缺乏自信或自卑。

一次失败的经历可能使人产生恐惧的情绪。比如一次在公众面前语无伦次的演讲可能使你从此畏惧演讲；一次尴尬的遭遇也可能使人产生恐惧的情绪。比如你在向一个女孩子示爱时，她的男朋友出现在了她的身边，而你一开始却不知道她有男朋友，这可能使你对追求女孩子产生恐惧，放走自己身边的好女孩。恐惧让你凭空失去了很多机会，你本可以通过一番演讲获得成功的机会，你也本可以通过一次大胆的追求获得完美的爱情。如果你对大多数的东西感到恐惧，你就会开始焦虑，焦虑比恐惧更可怕。

如果你不想尽一切办法打败成功道路上产生的恐惧情绪，这样的行为就证明了你是一个胆小的懦夫、一个失败者，这样小小的阻碍就让你停止了前进的脚步，那成功后更大的挑战和阻碍，你该怎样对付呢？

（4）抑郁

抑郁同样是成功路上的绊脚石，而且它是最大的一个，是最难克服的一个。如果说其他的消极情绪可能使你的成功之路变得更加漫长和艰险，那抑郁就是让你向着相反的方向驶去。克服它不仅仅是一个修养和技巧的问题，它需要你彻底地改变生性、态度、观念和认知。

抑郁者就像是一只蜗牛，时刻都驮着个庞大的壳，他被束缚在这个他自己编制的无形的茧壳中。成功带给抑郁者的不是快乐和满足，它不能使他兴奋起来，相反，他一直沉浸在那些琐碎的悲伤事情中，就像待在一个孤独的城堡里，他走不出来，别人走不进去。所以一个渴望成功的人如果患上抑郁症，那么他不仅不会取得成功，连已经取得的成就也会远离他。

著名文学家卡夫卡也有过相同的感受，他也是抑郁症患者，他曾经说道："我的周围始终围着两圈手拿长矛的士兵，一圈士兵把矛尖指向我，一圈士兵把矛尖指向外面，不让人接近我。他们密不透风地包围着我，我出不去，别人也进不来。"

（5）紧张

当我们面对新的环境，当我们成为公众焦点的时候难免会有些紧张，适度的紧张能加速我们的工作进程，让我们集中注意力。但过度的紧张则是有害的，它使我们出现一系列异常的生理状态，比如声音发抖语言支离破碎，双手和嘴唇发抖，直冒冷汗，呼吸急促，等等，这些情形会让别人觉得我们像一个撒谎的孩子，我们也会感到很尴尬。过度的紧张可能让你在跟合作伙伴的交谈中把准备好的语言和手势忘得一干二净，让你的准备工作都白做了。他们会觉得公司派一个经验不足的人来和他谈判是对他的不重视。而紧张可能就是因为缺乏经验，准备不足。

每个人都会有一些紧张的情绪，成功者也不例外，但相对于普通人，成功者知道并学会了怎样控制紧张的情绪，不让它显现出来。美国前总统林肯，当众演讲时也有些紧张，可是他懂得如何控制并巧妙地掩饰过去，不让台下的听众看出来。

（6）狂躁

初次接触狂躁者，你可能会被他充满活力、充满感染力的谈话和做事方式所吸引，觉得他是多么精力充沛使人感动啊！可是随着接触时间的增长，彼此的了解也加深了，你就会发现开始的印象只是狂躁者给人的一种假象，让你产生了一种错误的感觉。他们只是用这些表象掩饰他们内心的空白，他们很肤浅，没有深度，说过的话转身就忘；他们做事没有计划性缺乏条理，他不可能认真完成上级交代的任务。狂躁者时常显得雄心勃勃，自我感觉良好，而大多数人容易陶醉在这样的情绪中，认不清他们的真正状态。和抑郁极端的抑制相比，狂躁是另一极端的情绪——极端的兴奋，因此世界上没有一个狂躁者可以成功。狂躁和抑郁一样，不仅不能让你在成功的道路上一直前进，还可能将你既有的成功毁于一旦。

（7）猜疑

再坚固的友谊也经不起两个人的相互猜疑，猜疑能让最纯净的友谊破裂，能让触手可及的成功灰飞烟灭。猜疑永远和破坏是最好的朋友。猜疑导致恋人变得隔阂，猜疑让事业分崩离析，猜疑让成功和你永远没有交集。小仲马在他的《茶花女》中深刻地阐述了猜疑对爱情的腐蚀，猜疑让茶花女抑郁而终。双方之所以会相互猜疑，是因为缺乏沟通。

如果沟通顺畅，相互之间把话说得很明白，没有一点隐瞒，那么猜疑也就不复存在了，很多猜疑最后都是误会，只要仔细地分析分析，就会发现这些猜疑是破绽百出的，是没有道理可以讲的。图谋不轨的人会随时利用你的猜疑来达到自己的一种目的，而你自己还可能浑然不知呢，所以，对于那些努力追求成功的人，给你们一个忠告：不要让猜疑将你心中伟大的理想吞掉。

2. 控制你的情绪

人和动物的区别就是，人能自觉地通过自己的意识控制情绪，而不是被动地接受外界的影响发生改变，人能自觉地改变各种情绪带来的反应。人是动物界中最高级的生灵，一个人的文明程度、修养和教育程度直接影响着他控制情绪和感情的能力，它们是成正比的。

当你证明某种紧张是完全可以避免的或者是有害的，那这些紧张就能消除掉，只要把你的理智和行动结合起来。情绪是受行动的立即支配的，当你能用理智确定不必要的消极情绪时，你的行动就会被激发起来，用积极的感情代替紧张，从而就可控制住情绪。

自我暗示或许是可以做到这一点最有效的方法，如同没有信心时对自己来一段精神讲话、自我命令，你想要成为什么样的人就大声地喊出来。如果你很紧张，想要轻松自如的状态，你就可以对着镜子大声地喊出来："我能行！"重复地喊几次，然后立马行动，你会发现你不像刚才那样紧张了。记住：什么样的行动产生什么样的结果。

在下节中，你将明白如何应用自我暗示法控制你的情绪和行动，同时要让你的思想集中到你所应当做和想要做的事情上。

◎ 因为专注，所以简单

★ 专注的人必能成功

1. 成功的神奇钥匙：专注

如果非要给"专心"下个定义，那就是：把意识集中在一个特定的欲望上，并且这种集中一直持续到找出实现这个欲望的方法，还要把它成功地付诸行动。

在这一行为过程中，涵盖了两项重要法则：一个就是前几章中提到的"自我暗示"，另一个就是"习惯"。

2. 凡事专注才能成功

因为专注所以成功，专注让你把外界的烦乱摒弃在自己的耳朵之外，达到一种忘我的境界。只要我们能找着一个专心的对象，无论情况多糟糕，我们都能保持泰然的态度。

在多年前的一个晚上，芝加哥城里举行一次聚会，一对穿着几十年前做客衣服的、正在看热闹的古怪夫妇被一大群人包围着，他们的一举一动都被这群好奇的观众引以为乐。可是他们的注视并没有得到这一对老夫妇的回应，他们对这群人视而不见，他们只管自己，他们自顾自地欣赏着街上五颜六色的灯光、橱窗内陈设的华丽的货品和拥挤喧嚣的人群。街市的繁华完全将他们吸引住了，他们丝毫没注意到他们已经变成了别人的焦点，那种乡土模样及举止引起了人们莫大的兴趣。

人都是自恋的动物，我们常常自以为自己是被注意的中心，可实际并不是这样，这只是我们的心理导致的一种错觉、一种惯病。相信大家都有这样的感觉，当我们穿了一件新衣服，总感觉别人都在注意你。其实这完全是自己的臆想，你这样想别人也会这样想。如果你真的吸引了别人的注意力，那大概是因为我们的这种心理使我们表现出一种可笑的态度，而不是由于衣服。

同样，如果一个人专注在他的工作上，那么任何东西都不能打扰他，都不能使他感到不安，他的世界里他的周围只有工作；如果别人的注意使你不能安心地工作，不要试图去克制不安，最好的办法是把你的注意力集中在工作上，思考怎样做得更好。如果你感觉已经做得很好了，即使别人围观你，你也不会不安。你之所以不安是因为你怕别人看出你工作做得不好，怕别人看出你的错误、你的秘密，这种害怕的心理又会导致你产生紧张的情绪，紧张的情绪是你不想显露出来的，可是你的害怕会让它越发地显露出来。

有一次，一群中学生使出了坏主意，他们知道那个女孩子感觉特别敏锐，就想戏弄她一番。那个女孩子正在礼堂里弹钢琴，于是他们故意坐在她的视力所能达到的范围，以便能让她看见他们，而且这一群中学生一动不动地注视着她。因为这个女孩子有极敏锐的自我感觉，所以她立马就感觉到了有人在注视着自己，于是她开始不安起来，开始躁动，她的脸涨得通红，直冒冷汗，手开始颤抖，钢琴也弹得不如刚才好了。最后她实在受不了了，不得不停止弹奏，退出会场。

如果这位女孩子能像那对芝加哥聚会上看热闹的夫妇一样专心，她就不会受这群中学生扰乱而中途退场，她甚至不会感觉到他们的存在。这些学生正是知道她的敏锐的自我感觉能让她注意外界比关注于音乐更厉害，所以他们才能以注视的方式成功地扰乱她。

专注在一件事情上，那么这件事情就一定能做好。专注在工作上而不是只想到你自己，你就会增加做事的效率，减少自我感觉的敏锐程度。可是对许多人而言，别人比他的工作或者正在做的事更吸引他的注意力，所以，成功人士较平庸的人而言是少之又少的。如果你在该专心工作的时候专心工作，该专注别人的时候对别人表示真诚的好感，那么你就会获得成功。

其实，当你深入地研究人类的心理和行为的时候，你会发觉人类是世界上最有趣的动物。**但凡获得一定成就的人士，都懂得如何研究各种各样的人的心理，以及这些心理是如何发挥作用的。**法国将军福煦就是这样成功的人士，他并不同意其他年轻军官的观点：认为只把士兵的乡土特性和性格弄清楚就足够了。他通过研究"人"来获得对整个战争的认识，他对人的研究包括：面对危难时士兵们的实际动作，而不是他想象的动作；还有引导他们如何动作。如果你也能这样研究人，即使再多的人注视着你，你也不会感到面红声颤了。

产生敏锐的自我感觉是因为你过分地专注自己，要想克服它，一个简单有效的方法就是找一点别的事情来分散你的注意力，慢慢地将你所有的专注都集中在这个代替物上，那你就不会再想自己了，想自己的习惯就会消除。比如你作一个演讲的时候，心里只想着你讲话的内容和你的观众，而不是想你自己，你就不会感到紧张了。

如果你把所有的专注都集中在你所做的工作上，那么就不会对自己的得失过于敏感了；如果你的心里只想到如何了解你的新同事、新朋友，而不是整日沉醉迷恋于自我，那么你就会很快地了解他们并和他们相处得很好。

一个人是不会长时间地关注一个陌生人的，每个人都很忙，你感觉别人很关心你，你时刻吸引着别人的目光，那只不过是你臆想出来的而已。明白了这些，你在他们面前就会轻松自如，就不会感到不安了。用一种平和的心态和别人亲近，你自己会感到很舒服，你的心态和行动也会感染到别人，他们也会感觉很愉快。这样，你恬淡的态度也会有所加强，不需要去刻意地装饰和假装，只要不把自己看得太重。

★ 如何才能专注

用理智分析你的头脑，用理智挖掘你的能力和内在的控制力。

你有时候感觉，你的思想和你现在所做的事简直就是南辕北辙，你根本无法控制你的注意力，无法集中思想思考问题，你很困惑；有时候你又很焦虑，担心某件事情产生你不想要的结果。这时，为了不让事情变得更糟糕，你需要让自己的头脑冷静下来，集中自己的注意力，用清晰理智的思路思考问题，帮你取得你想要的结果。

1. 怎样专注才有效果

多数人不会把自己百分之百的注意力都集中在一件事情上，往往在你做这件事的时候还在想着另外一件事。人类的头脑是个复杂的东西，它无时无刻不在进行着变化，形成各种意识流，就连睡觉的时候也在交谈着——做梦。那么现在，你的多少注意力集中在了这页书上？你的大脑里有多少意识在形成？又在进行着什么样的交谈？

此刻，如果你正不可控制地把你集中在手头工作上的注意力分散开来，那么你的大脑就会想一些其他的事，就会胡思乱想，我们其中大多数都会想一些苦恼的事：已经发生了的、将来可能发生的。这些让你转移注意力的消极的想法会让你产生错误的观念，作出错误的决定，让工作的进行变得很困难，注意力就更不能集中。这样就形成一个恶性循环，使你陷入矛盾的挣扎中。

这时，你需要一个日常能力的选择来阻止注意力的转移，消除这些对你产生压力的情绪，重新专注你手头上的工作。无论何时，不要让你的大脑游离在你的控制之外，集中了精神，你的思想会越来越理智，思路会越来越清晰，你也会越来越放松。

同时，在这个日常能力选择的帮助下，你会慢慢地把集中注意力看得很重要，会把每一件你要做的事情以专注的方式完成，这样你的办事效率就会更高；除此之外，你还会形成一个使你对自身、对外界一切事物感觉良好，让你处理事情快速有效、心情更好的关于现实的综合观念。

综上所述，这个日常能力选择包括三个基本思想：

（1）消除你头脑中的消极的想法。

（2）控制你的大脑在你当前的工作上。

（3）能够让你在那些能赋予能力的事情上集中注意力。

当焦虑和担心充满了你的脑袋时；当你做一件事情想半途而废时；当你墨守成规，难以创新，感到困扰时；当你思路混乱，无法专注时；当你为做一件小事而耗费大量精力和时间却仍然没有取得成功时，你就应该考虑使用"日常能力选择"了。如果你在每天早晨就能让自己拥有理智的思维、专注的精神和冷静的自控力，并保持一天这样的状态，那这一天你肯定会过得很高兴。清晰的头脑和沉着的态度，会使你更加放松更加专心，更加富有创造力地思考问题，做事变得更有效率。

2. 这是你的选择

当你处于一种紧张和精神压力并存的状态时，你根本不可能专注于你手头的任务，你的思路也会乱成一团，不能清晰地思考，出色地完成工作。那么这个时候你必须立刻作出一个你认为恰当的选择。下面有两种选择：

（1）使用日常能力选择，消除你头脑中消极的想法，立马进入当前的工作状态，随时控制你的大脑不要游离在你所必须做的事情之外；集中注意力，

保持清晰的头脑和沉着的态度，提高办事效率，富有创造力地思考问题，以便
作出的决定保质保量，尤其在强大的压力之下时。

（2）选择继续并加强你的这种状态，让那些已经发生了的或将来可能发
生的苦恼的事情转移你的注意力，让你产生压力，阻碍你思维的前进，从而使
你无法清晰理智地思考问题、解决问题，而你也只能作出鲁莽的决定或者根本
不能作决定，你的效率不能提高，可能还会产生负效应。

3. 在一天中经常使大脑得到短暂的休息

会玩的孩子更会学，研究表明，如果大脑在一天中持续运转，得不到休
息，那么就会变得迟钝僵化。短暂的休息可以缓解压力，提高工作效率。聪明
的人通过休息加快自己的工作进度并完善自己的工作。当你大脑迟钝时，分散
注意力就变成必须的了，它能让你的思想从一条死路上解放出来，换一个角度
思考问题。

经常让你的大脑得到片刻的休息，使僵化的大脑重新运转起来。一旦你感
到思维不活跃、思考问题不通畅时，那么重新控制思维的最好方法就是停止手
上的工作，让大脑得到休息。比如在电脑前坐久了，可以和别人聊一聊新鲜的
话题；或者站起来走一走，喝杯水；或者远眺一会儿，呼吸点新鲜的气息；或
者以自己最舒服的姿势看一些有趣的读物；或者小睡一会儿都可以。让你的大
脑进入一种和你的工作完全不同的状态中，这么做可以打破工作中形成的思维
定势，阻止精神压力的积聚，恢复大脑活力。

如果办公桌让你感到很疲倦，尝试着闭上双眼，全身放松，慢慢地做几
下深呼吸。如果条件允许的话，你可以在空闲的时间或地点做一些简单的运
动，在办公桌旁或者在走廊里都可以，这不仅能让你放松心情，缓解压力，
恢复活力，还能让你头脑清醒，视野开阔，让你无法进行的工作找到转折

点，也更能让你为做好下一项工作储备精力。

大脑只有经常休息才能不断地完成更高难度的工作，不要等到精神真的有压力的时候才采取措施，不要等到回家或者周末才放它的假。

4. 把你的注意力集中在某个具体的、令人愉快的、平静的事物上

当你工作累了的时候，花一分钟放松，然后花更长的时间把注意力从你的工作上转移到另一个事物上，但记住，这个事物必须是令人放松、令人愉快的。它可以是一幅你喜欢的田园风光的油画，可以是一支温馨的钢琴曲，可以是一件你钟爱的摆设，可以是一次愉快旅程的回忆。这些都足以给你慰藉，给你精神上的肯定，让你头脑变得清醒，变得开朗起来，富有创造力，而且运转自如。如果再做上几个深呼吸，那就事半功倍了。

人的大脑的注意力有一个时间限制，它只能在一段时间内集中在某件事上。如果你工作久了，大脑就会产生疲倦的意识，如果你不停下来，那么注意力就会集中在消极、负压的情绪上，这样下去对你的身心健康都是有害的。如果你及时地把注意力转移到愉快的事情上，比如你的相册或杂志中的一幅能让你感到放松的画，一个你在脑海中寻找的冷静的人物脸庞，那么那些害处都可以避免。

另一个选择就是集中注意力，清除杂念，彻底放松自己（前面已有详细介绍）来获得身心两方面的益处。

还有一个方法就是沉思，沉思能压制你浮躁的心情，让你头脑冷静、思维清晰，它是一个让你再次专注于目前工作的过程，是一个保证将你的注意力集中在手头工作上的技巧，你应该非常明确地意识到这一点。沉思以一种温和的方式控制你的思想和灵魂，用冷静、温和、快速的方式将那些消极想法处理掉。你应该通过沉思去更深入地发现什么对你来说是有用的，让它为你所用。

5. 安排时间进行安静的思考

常常听见有人说："我太忙了，没有时间去思考问题。"如果这影响到了你的工作和生活，那你需要安排一些时间进行安静的思考了。安静的思考如同沉思一样，能放松你的心情，控制你的情绪，解放你的创造力，让你的工作和生活每时每刻都充满了新鲜空气。请记住：无论身处什么样的环境，都要让大脑安静地思考。

如果你有一间单独的办公室，这时你可以轻轻地把门关上，用最舒服的方式坐下，把双手交叉在脑后，做几个深呼吸，把全世界都关在门外，只让安静陪着你。在这样舒适的环境里，你的大脑就能慢慢地平静下来，像个安详的老人一样静静地思考了。你也可以站在窗前，眺望远处让你愉快的景象，看让你放松的绿色，想象令你高兴的人和物。

如果你没有那么好的条件，那你只需要找一个能使你平静下来的空间，一间空会议室，公司图书馆的阅览室，都可以。如果你连这样的条件都没有，没关系，自由自在地散散步同样可以让你安静思考。

6. 一次只做一件事

现实告诉我们，如果你总是想着把所有的事都做完，那么所有的事都做不完。想成功，一次只做一件事，全身心地投入，并抱着一定能成功的积极态度，专注于你已经决定要做的那件事，不要把你的注意力分散到别的事情和想法上，放弃其他的事，这样你就整天活力无限而不会感到疲倦了。

在你做一件事之前，先对你自己有一个了解，弄清楚你在这件事中的责任和你的极限。弄清事情的轻重缓急，先做最重要的事。每次做少一点，做好一点，不要浪费你的时间、精力、效率和快乐，这样你就会在工作中获得乐趣，也就不会因为注意力被分散而弄得疲倦不堪。为了更好更快地完成工作，你必须学会怎样拒绝大量消耗你精力的不必要的工作来保证你的效率。

管理学名师斯蒂芬·科维还在一所大学里任教时，他聘用了一位秘书，这位秘书非常聪明，非常有创造力而且做事积极主动。有一天，当这位秘书正在埋头于他的工作时，斯蒂芬急忙走进他的办公室要他完成几件非常紧急的事。他说："斯蒂芬，我愿意为你服务，只是你该瞧瞧我的情况。"他给斯蒂芬展示了他那写满他正在做的工作的墙板，每一件事后面还标记了范围和期限，这些都是他事先列好的。不可否认，这位秘书是一个训练有素的人。他接着说："我可以为你完成那几件紧急的事，但是，请问你准备将哪些原定的项目推迟或取消呢？"斯蒂法当然不想这么做，他不能让他手下最好的人员去做紧急却不是最重要的事，况且这些事也不一定适合他。所以斯蒂芬把这件事交给了一个专门处理紧急事情的工作者，让他去完成。

7. 切勿分散力量

如果你想要尽快地成功，就不要随便分散你的力量。因为分配精力就像切蛋糕，分割的块数越多，蛋糕的平均分量就越小。

爱迪生曾经在接受采访时被问到：什么是他成功的第一要素，他回答说："那是一种能力，一种能够将你的思想和身体结合在同一个问题上并且不会感到厌倦的能力。我跟别人不一样的地方可能就是，别人花一白天甚至24小时去干各种各样的事，而我只做一件。如果他们也一样把这些时间用在一个目标上，他们就会成功。"

8. 把握现在

我们都有过这样的体会：当和别人交谈时，我们可能同时回忆着刚才双方的对话，或者接下来我们要说什么话，或者想一些和现在对话完全没有关系的事情。如果我们把所有的注意力都集中融入到现在，那么我们就会形成一个目标。这个目标会像发动机一样时刻催促着你不断前进，并开发出你体内尚未发掘的无限潜力。这种潜力往往会以两种形态呈现：

（1）满溢状态的潜能

满溢状态是指当你集中你的注意力时，你的内心非常专注而将一切无关的事情抛之脑后的状态。心理学家米哈利对满溢状态行为的研究有着很高的造诣。用竞技体育比赛的方式最能激发一个人的满溢状态行为，当运动员感觉他们在赛场上超常发挥，每件事都很顺利的时候，他们多半正处于满溢状态。

米哈利研究表明，当一个人的工作难度和他的能力处在差不多同一个水平时，最能发生满溢状态的行为。工作太简单，人们会觉得乏味；工作太复杂，人们会筋疲力尽。

满意状态在一定程度上和沉思一样，都是精神的高度集中。著名的木匠师奥延格曾回忆：他曾经参加过一个木工比赛，在整个比赛过程中，他投入在自己的工作中好几个小时，在那几个小时里他的世界只有他和他的工具。直到作为第一名给他颁奖的时候，他才注意到好多人都在围着他。而在比赛过程中他完全没有感觉到他们的存在。

处在这种状态下的人对时间和知觉完全没有概念，他们可以完成平常难以完成的高难度工作，因此，研究好满溢状态行为对时间管理很有帮助。

贝蒂·爱德华创造出了另一种方法，可以产生与满溢状态行为效果类似的结果，那就是利用左右脑的旋转。她的方法是根据左右脑机制的不同，左脑的机制：符号、理智、逻辑、语言等，而右脑的机制：非语言、非逻辑、道德。她用这种方法帮助许多人集中了注意力，获得了成功。用她自己的话说就是：那是一种从来没有过的体验，当我运用这种方法时，我就感觉我和工作已经合二为一了，什么也不能将我们分离，我很快乐而且兴奋，但是我又很镇定，有时候我其至觉得是幸福的。

（2）狂热与沉迷

可能有的人并不沉迷于工作却一样很有成就，但不一定每个人都适合这种技巧。成功人士在成功的道路上付出的努力是一般人不敢尝试的，但是那些沉迷在自己的目标和工作中的人大都是成功的，而且是高效的。

《烟草路》与《上帝的小乐园》的作者厄斯金·卡鲁韦尔就是沉迷在他的工作当中，才使他的友谊和婚姻不尽如人意，他一生当中没有亲近的朋友，婚姻也三次破裂。企业家亨利·福特总结他的一生："因为我从来不曾离开过工作，所以我的时间很富裕。人应该沉迷于他的工作，就连做梦也应该是在工作中。"最著名的科幻小说家阿西莫夫最感到困难的事就是，有人打断他的写作，他还得好像没事似的跟那个人说没关系。他每天都在打字，在那几年的时间里，他每个月都写出一本书，他放弃原本应该度假的时间依然坐在打字机旁，因为他不想打断他的创作。就这样，一本一本的作品诞生了。富卡也有同样的人生经历，他说，抛开这些辉煌的财富成就，他最大的遗憾就是：除了工作他对任何事物都没兴趣。

或许有些人会感到很不解，认为这些人将所有的精力和时间花费在他们沉迷的事情上简直是浪费生命，但是他们忽略了一个事实：沉迷于他们自己喜欢的事，对他们来说是一种享受而不是牺牲。这丰富了他们所做的每一件事。

Part_ 5

转换思维，
快速成功

>>> 　　想成功，很简单：只要善于总结经验和教训就

可以了。可是很多人却不懂得这个简单的道理，他

们把失败复杂化、神圣化，这让他们历尽千辛万

苦，付出更惨重的代价。因此要想改变自己，成功

地转换思维，就要正确地对待失败。走过了失败这

座桥，桥的那边就是成功。

◎ 培养正确的思考方法

★你必须懂得"关注重点"

很多人都会产生这样的疑问：为什么我和他所处的环境和自身的条件差不多，他却成为大企业家，而我只是个碌碌无为的小职员？

这并非偶然，因为成功者总能关注重点，而与那些对他帮助不大或关系不大的事情保持距离。

成功的人在做一件事情之前通常会首先称量出事情的比重关系，他们会选择首先解决那些能够阻碍他们工作的重要事情，而把能够促进他们成功的事情当成重中之重并加以综合运用。这就等于在他们成功的道路上找到了一个秘诀，他们懂得如何从一大堆事中找到重要的事情，工作起来就比一般人更轻松和更有效率。

他们如同给自己的工作找到一个支点，用微小的力量就能移动你即使用尽全身力气也无法移动的工作重量。

任何一个人如果能养成关注重点的习惯，那他就获得了一股强大的力量，这股力量能促使他更快地把一张图纸变成一座殿堂。拥有这个习惯的人和一般人相比，就好像十吨力量的大铁锤和一磅力量的小铁锤的较量，他们占据了成功的巨大优势。

★ 先看清事实再去思考

正如我们知道的，任何一项法律判决，都需要取得足够的事实。一个法官只听一个人的片面之词来判决，那么他就不能把案子处理公平；如果他能根据事实来作结论，那他就不会冤枉无辜的人。

在判决中，并不是每一件需要的事实都能找到，在没有足够的证据时，你就需要大胆地假设，在你已知的事实中，把那些不会伤害任何人同时又能增进自身利益的证据当成以事实为基础的证据。用这些证据去下结论，就一定不会错。

不可否认，很多人自觉或是不自觉地只考虑到一种情况：只满足于自身的利益，从来不考虑会不会伤害到别人。他们把事情的利害关系当成下结论的唯一的基础，当成他们是否愿意做一件事的唯一标准。这虽然很令人痛心，但却是一种事实。这些人在事情对他们有利时表现得很"诚实"，而当事情对他们不利时，就会很"不诚实"，而且还会找出很多理由。

把事情的本质看清楚的人，他们才能拥有正确的思想方法。

一个优秀的人，他会要求自己时刻遵从自己制定的准则，尽管这个准则不能立即给他带来利益，甚至有时候还会有不利的情况发生，但他始终相信只要能坚持到最后，这个准则一定能让他取得他预期的成就，达到生命中最主要的目标。

我们只有具备顽强坚定的信念，才能成为一个思想方法正确的人。要想成为思想方法正确的人，你必须承认一个事实并作好心理准备：有时候坚持这种做法会受到某种暂时性的打击。不过，相信你会很乐意承受这样的打击，因为你会很满意正确的思想方法给你带来的长期性巨大的补偿性报酬。

★对失败要有一颗平常心

在成功的路上，有时候我们必须经历失败。事实上，每一次挫折和每一种逆境的背后，都蕴含着一个独一无二的其他任何方式都无法获得的教训。

成功就属于那些善于吸取总结教训的人，面对失败一次又一次沉重的打击，他们依然顽强站立着。平庸者在羡慕感叹成功者辉煌的成就时，不禁暗自神伤：什么时候，幸运之神也能降临在我身上，让我成为像他们这样的人呢？

其实，机遇就在他们这种消极的心态下一次又一次地溜走了。

当我们总结、对比历史时，不难发现，成功总是属于那些"长记性"并且善于吸取教训的人，他们是努力和机会的结合体。所以，他们坦然接受失败，而且总能战胜失败。

面对失败，人们一般会有三种做法：

无智又无勇的人，在遭受了失败的打击后，通常会从此消沉下去，成为一个废人；

有勇无智的人，依然勇往直前，毫不气馁，但是他们从来不总结失败的教训，往往会再犯下一样的错误。这样的人只会事倍功半，成功也是付出比别人千万倍的努力才取得的，即使这样，他的成功也不会长久；有勇有谋的人，他们能够迅速地反省自己，总结经验教训，并时刻准备着，一旦机会来临，就立刻大展身手。这些就是成功之神降临的人。

想成功，很简单：只要善于总结经验和教训就可以了。可是很多人却不懂得这个简单的道理，他们把失败复杂化、神圣化，这让他们历尽千辛万苦，付出更惨重的代价。因此要想改变自己，成功地转换思维，就要正确地对待失败。走过了失败这座桥，桥的那边就是成功。

◎ 你一定要懂得的成功公式

★ 公式一：记住教训+改善方法=积极进取

人的一生总会遭遇这样或者那样的不幸。你或许因意外造成身体上的缺陷；你或许因为遭受过沉重的打击从此沮丧不已；你或许正在付出你的所有却依然一无所获；你或许因为努力了好久的希望突然破灭而感觉彻底失败。

无论你多么不幸，这些都不能成为你放弃的借口。

失败并不可怕，可怕的是对失败不以为然。人们习惯于无视并且重复上一个错误，因为觉得有大把的时间可以让自己重新来过，于是周而复始地失败，不停地扮演失败者。当信心和毅力都离你远去的时候，成功也变得遥不可及。

不论你从事什么职业，销售员、谈判家或者演讲家，都是不能一次就成功的，不存在一朝一夕之间就可以实现的伟业。在成功之前，每个人都必须坚持和耐心，还要善于汲取经验，做到的人便能成功，做不到的人就会失败。

在农田里，农夫用牲畜的粪便和植物的枯枝落叶给农作物做天然的肥料，那么我们为什么不能把失败也当做肥料来滋养成功呢？这样人们就不会认为失败是一种浪费了，就杜绝了失败的消极情绪干扰自己的内心产生恶性循环。

从错误中学习，在逆境中强大。逆境可以锻炼一个人的心智，但是也可能让一个人过分地归咎自己。

"你认为自己是怎样的人，就会真的成为怎样的人。"如果你认为自己一直是个成功者，那你就会真的成为成功者。记住：明天永远都是新的一天，永远蕴藏着无限的时机。

不论你多么失败，上帝都不会抛弃你。上帝在给你关上一扇门的同时也为你敞开了一扇窗，上帝在教导你如何克服困难。只要你不被逆境所吓倒，你就会从中学到很多顺境中永远也学不到的经验。

犯了错误，应该仔细检查每一个细节，找出问题所在，及时地改正，为下一步制订出计划。任何时候都不要承认自己是个失败者，而且还要制止这种思想的产生。身处逆境时，千万不要借助某种东西来逃避现实，否则你会越陷越深，变得焦虑、愤世嫉俗。更不能和其他失败的人结伴同行，失败的人聚在一起，结果只能是一起沉沦，永无翻身之日。

精神的堕落永远比身体的缺陷危害要恐怖得多。身体的缺陷可以通过手术治疗，而精神的恶劣环境却是外界的环境无能为力的，只能依靠你自己。只有自己可以消除消极的情绪，拯救堕落的精神，重新为生活注入激情和信心。

★公式二：失败是由于放弃而不是"做不到"

曾经有一个年轻的记者采访大发明家爱迪生。

记者问："先生，你现在的这个发明已经失败了一万次了，你怎么看这件事呢？"

爱迪生回答："我告诉你一个对你很有帮助的启示。我从来就没有失败过，我只是找到了一万种行不通的方法。"

一个人的失败与否，跟他的态度有着莫大的关系。

爱迪生在发明电灯时作了上万次的实验，他发现了很多行不通的方法，但他没有承认自己失败，而是继续努力，直到发现了一种可行的方法为止。

没有人可以击垮你，除了你自己放弃。古希腊伟大的哲学家、演说家德谟克里特曾经患有口吃的毛病。当时希腊的规定是：一个人必须在公开的辩论中战胜其他人，才能享有土地的所有权。德谟克里特因为口吃、害羞在辩论会上惨败，失去了他父亲留给他的想让他富裕起来的一块土地。但是这次惨败却换来了他后来的努力和人类历史上的演讲高潮。现在没有人记得那位得到土地的人，可世界各地仍然讲述着德谟克里特的故事。

很少有人在失败的打击下还能坚持下去。当你实在撑不住的时候，不妨告诉自己：再站起来，我就会成功。

安逸的环境只能让你越来越无能。一个吃饭只能让别人来喂的孩子，如果他自己不学着如何使用汤匙，那么他只能被饿死。

美国前总统柯立芝曾经说："在成功的诸多因素中，没有任何一项可以和毅力相比。才干、教育都不行，只有毅力和决心可以战胜一切。"

当你失败的时候，一定不要轻言放弃。请坚定地告诉自己：如果再给我一次机会，我一定可以。

★ 公式三：要有坚持到底的信心

可能你相信并且照前面的步骤去做了，可是你仍然没有成功，困难依然存在！你就开始怀疑。

耶稣说："你们若有信心像一粒芥菜种，就是对这山说，'你从这边挪到那边'，它也必挪去，并且你们没有一件不能作的事了。"（《新约·马太福音》第17章第20节）

信心是人身体中一种强大的创造性的力量，它不断地更新你的生命，让你时刻都以最好的状态克服困难，直到最终成功。鼓舞人心的从来都是信心，只要我们信心十足，挫折就一定能消失。

就像农夫种棉花一样，收获信心也必须先要播种。为了让其发芽生长，我们还要及时浇水施肥，还要配合天气促使它们茁壮成长，即使开了花结了果，还要依据适合的时间收割，恶劣的天气会影响收成。因此，收获坚定信心的过程也是需要信心的。

★ 公式四：不要在心理上制造失败

如果你的事业有些不顺利，千万不要无限地放大这种失败，因为你会让自己的情绪打败。一旦你在心理上输了，你的人生也就宣告终结。

许多人在面对事业上的不顺利时，往往会想：这回我一定会失败了。然后他就会越来越怕事情中的困难，直到再也无法进行下去。但是，如果他换一个角度思考问题，把"一切都在不断地成长"植入他的大脑，他就会这样想：不顺利也是成长的必经之路，或许还会出现一个更好的机会。

事实上，如果人人都这样想，那么我们的人生中就没有真正的失败了。

万物每时每刻都在发生着变化，失败并不是永恒的，暂时的挫折早晚都会过去，这是大自然的原则。或许在某个时期内这算是失败，但是等一切都变化之后，这可能就是一种机会。因此，世上并没有真正的"失败"，都只是成长发展过程中的一个阶段。

◎ 敢于创新是成功的翅膀

1. 想象力能够创造奇迹

创新的基础是想象力。如果你善于观察会发现这样一个事实：那些作出非凡成就的人物，大都具有丰富的想象力。想象力在遇到合适的时机时会转化成财富让人走向成功，如果你正确使用它，它会把你所经历的种种失败和错误变为极具价值的资产，并且引领你去发现一个真理：逆境和不幸的背后往往隐藏着难以想象的机会。

你能不能想象美国最好的雕刻师在以前是一位邮差？有些惊人，但这确是事实。有一天这位邮差像往常一样搭乘电车，却不幸发生了车祸，他的一条腿被锯掉，电车公司为此赔偿给他5000美元。这笔不小的资金使他的生活彻底改变了，他利用这笔钱进了学校，学习雕刻，从此走向了另一种人生。

正是学习的过程让他发现自己拥有超越常人的想象力，他靠一双手所造出的东西，要比做邮差有价值得多，当然收入也是他之前从不敢想象的。车祸致使他无法从事原来的工作，他必须改变人生的目标，没想到这恰好是新事业的开始。

实际上，我们大脑中的神经系统并不能准确区分哪些是积累的实际经验，哪些是临时随机想象出来的方法。所以当你想象以某种方式行事的时候，你实际上正在把这种新方法付诸实践。在想象力的帮助下，你的行动会更加接近完美。心理学家证明：让一个人每天对着靶子想象自己正在投镖，经过一段时间后，产生了和实际投镖练习一样的效果，明显提高了投镖的准确性。也就是说，想象力为我们获得成功寻找到一种新途径。

美国《研究季刊》报道过一个类似的实验。参与实验的学生被分为三组，第一组连续二十天练习投篮，并且记录下第一天和最后一天的成绩。第二组学生作同样的记录，但是这段时间并不进行练习。第三组学生同样记录下每天的成绩，并且每天花二十分钟的时间做想象投篮。如果投篮不中时，他们便获得教练的指导，并在想象中作出相应的纠正。实验的结果是：第一组学生由于每天练习，进球的准确性提高了24%；第二组毫无长进；第三组的准确性增加26%。这说明想象练习能够很好地改进投篮技巧。

在推销员中，有一种所谓的角色扮演法能够神奇地增加推销额。具体做法是，想象自己处于不同的销售情景，然后告诉自己怎么做。当实际销售过程中出现类似的情况，就知道自己该说些什么、做些什么，也就能很好地避免与顾客交易中可能出现的困难和尴尬。这样一来，作出好的销售业绩当然不在话下。通过这种想象力练习，他们越来越善于处理各种突发情况，应对不同的客户。

一些业绩优秀的推销员在实际操作中对此深有体会："当你同顾客交谈时，如果你能知道他想要提出的问题或反对意见，并且迅速流利地作出令人满意的回答，就会获得他对你的信任感，从而肯定你的业务能力，这样就能把货物推销出去。""我会在晚上一个人独处时想象一些可能遇到的情境，比如客户也许会提出很刁钻的问题，然后我应该怎样去回答才更有利于我的推销。""这是一种预先的准备，想象自己和顾客面对面地站着，你快速而准确地一一回答他的问题，当第二天这种情形果真出现时，那会是一件非常有成就感的事情。"

这种想象推销法让许多推销员走出了困境，获得成功。底特律的推销员们用它增加了100%的推销额，纽约的推销员则增加了150%，还有一些推销员达到了400%的惊人效果。原来，想象力真的像魔法一样，有着让人难以抗拒的魔力。

想象的过程实际上是一次模拟实践的过程，你可以通过它来进行很好的自我完善。

《充分利用人生》一书中讲道："拿破仑在上学时所做的读书笔记有400多页，他总想象自己是一个带兵征战的司令，他在纸上画出科西嘉岛，并且进行精确的数学计算，标出可能的布防及各种情况。"在征战欧洲之前，他已经在心里进行了多年的"军事演习"，并且积累了丰富的经验。

世界旅馆业巨头希尔顿在他还是一个孩子的时候，就喜欢扮演旅馆经理，他在想象中经营着自己的旅馆，直到后来他真正拥有了一家旅馆，并将连锁店开到了世界各地，成为知名的旅馆大王。

亨利·凯瑟尔说："事业上的每个成就实现之前，他都在想象中预先实现过了。"

2. 想象力的练习

想象力有如此重大的作用，那么如何发挥想象力呢？

（1）预见性想象力（即想象的超前性练习）练习之一

想象针对的是未知的事物，你首先必须对未来的事物有一个较为正确的判断，才能在此基础上进行科学合理的想象。这就需要你有一种正确预见的能力。那么，如何才能正确预见、超前想象呢？可以尝试以下练习法：

①对目前的市场状况作一个全面的分析，在此基础上预测将来可能会出现的某些变化。你要清楚，对一切事物而言只有相对的静止，而变化才是绝对的。

②当你预见到可能的变化，你要真切地去想象这种情景，并且能看到自己在干些什么，分析你所做的那些事是否对自己有利。

③假使现在的情况是一切进展顺利，你也不应满足你这暂时的风

平浪静，记得随时根据自己掌握的信息构思未来可能的处境。当然，你应该去看到好的一面，并且想办法让这种情形出现。

一个预见能力强的人往往能抢占先机，比别人提早成功。

而那些预见能力不足的人多半会作出错误的决策，从而导致未来的失败。预见性对我们的事业和生活有着不容忽视的巨大影响。"电脑大王"海因茨·尼克斯多夫就是一个以超前的想象力取胜的人，让我们来看一下他的过人之处：

开始的时候，海因茨在一家电脑公司作一些业余研究，他只是一个不起眼的实习员，就算再好的意见也总是得不到采纳，他只能外出兜售自己的研究成果。也许是上帝的眷顾，他的才能被莱因-威斯特发伦发电厂发现，并预支他三万马克以研究两台可用来结账的电脑。海因茨的才能在这样的机会下充分展露出来，不久，简便低成本的820型小型电脑便问世了。

他的这项发明引起了不小的轰动，当被问及怎么会想到搞这种电脑时，他的回答是这样的："那些庞然大物似的电脑只有大企业才用得起，而小企业和家庭对此同样很需要，电脑必将会在未来普及，而当前的市场上是一片很大的空白。"他那富有想象力的大脑有着如此准确独到的预见能力，他甚至已经在脑海里看到了家家户户房间里都摆着一台电脑，每个工作台上都有员工用电脑紧张地工作。正是这种想象力和预见性让他得以看见市场的空隙，发现机遇，成为巨富。

（2）预见性想象力练习之二

还有一种关于想象力的运作方法并没有受到人们太多的重视，但对于经营者来说同样意义重大：

①对于所能获得的一切信息充分重视，在分析的时候不要忽略那些貌似无关紧要的事情，要让你掌握的信息变得有价值。

②能够分辨出信息的真伪，并正确判断其可能对目标产生的影响。

③如果你看到了机遇，那么立刻制订行动方案，尽早实施。

实际上，这种方法只是想要说明，你应该善于通过现有信息预见到机遇的到来，以便在经营活动中捷足先登，在竞争中掌握主动权。菲力普·亚默尔就是用这种方法在经营美国亚默尔肉食品加工公司的过程中获得成功。

一天，菲力普在读报纸，一条新闻让他兴奋得不得了。据报道，墨西哥发生了类似瘟疫的病例。菲力普想：如果墨西哥真的有瘟疫，那很快就会传染到作为美国肉食品供应基地的加利福尼亚州和得克萨斯州，因为这两个州和它紧邻。那肉食品肯定会因为短缺而大幅度涨价。于是他派人去墨西哥考察以得到确切消息，然后动用大部分资金购买了两个州的生猪和牛肉，运往东部。

不久，美国西部的几个州都被传染瘟疫，被禁止向外输送食品、牲畜等。肉制品在市场上出现严重短缺，价格更是翻了又翻。菲力普由于事先采取了行动，在短短几个月竟然赚到了900万。

应该说，菲力普将上述方法完美地运作，他所得到的信息只是很简单的一则新闻，但是他并没有像大多数人一样浏览完就忘了，而是派人去证实信息的可靠性，结果是他很幸运地如愿以偿了。于是机遇就摆在了眼前，并且被他敏锐地洞察到，他运用自身所具有的知识，立即采取了行动，使自己在时机到来的时候坐享其成，这是一件多么令人羡慕的事情。

在商界，类似菲力普的例子有很多，"机遇"似乎总是眷顾着他们。我们经常听见人们抱怨自己的人生没有好运气，那是因为他们不懂得运用预见性想象，所以即使机会到来他们也意识不到，只能看着别人走运。这真是太可悲了。**你越善于想象，你大脑的想象力和预见性就会越灵敏。**你也看到了，这真的能使人一夜间暴富。

3. 想象力与人生的成功

我们可以将想象分为三类，即逻辑想象、批判想象、创造性想象。在实际运作中我们发现，单独或综合地对这三类想象加以利用，都可能让你寻找到一种通向成功的新方法。

（1）"逻辑想象"与成功

雪莱有一句著名的诗句："冬天已经到了，春天还会远吗？"这其实就是运用了一种逻辑想象。逻辑想象即从已知推出未知，从现在推出将来。这种思维方法在经营中被广泛应用，其中不乏一些极具启示性的事例。

在德国有一位聪明的农民叫汉斯，因为他爱动脑筋，总是花费比别人少的精力便能得到更多的收益，因此很受大家敬佩。德国农民最忙碌的时候，就是收获土豆的季节，他们要在农田里收土豆，然后按个头把它们分为大、中、小三类，再运到最近的城镇去卖。由于要经过这样几个程序，而大家又希望尽早卖掉土豆赚个好价钱，所以每个人都起早摸黑地不停干活。忙活完这段日子，往往疲惫不堪。但是汉斯不这样做，他从不把土豆分类，可是卖的价钱并没有受到影响，而且还出乎意料比别人赚得多。

真实的情况是这样的，汉斯每次载着土豆进城都是经过一条颠簸不平的山路，这样小的土豆就会在车子的颠簸下滚落到麻袋的底部，在卖的时候就能够很快分开。汉斯的这种做法看似偷懒了，实际上却能够大大节省时间，他的土豆总是比别人上市早，当然就能卖个好价钱。

这就是巧妙运用逻辑想象带来的好处，虽然只是收获农作物这样简单的事，却能开启我们的大脑，扩展我们的思维。当你在生活的各个方面去运用这种逻辑想象力，你就能在通往成功的道路上省却很多不必要的麻烦。

（2）"批判想象"与成功

法国一个瓷器制造商便借用"批判想象"，使市场上出现了摔不碎的瓷器。他注意到人们常常因为不小心而失手摔破家什，更有很多人喜欢通过摔东西来发泄怒火和怨气。于是他对现在通常使用的瓷具进行改造，生产出了一批专供人们摔砸的瓷制品。

他们打出的广告语是："不要烦恼，不要压抑，上司欺压你、伴侣埋怨你，那就发泄吧！如果一只盘子和一个碗能让您心情愉快，那么，使劲砸吧，摔吧！我们衷心为您的幸福健康祈祷。尽情发泄吧！"这种极具特色的广告语和那些奇怪的产品，让不少人产生了兴趣。更由于它迎合了人们的需求，那么想不发财也很难。

批判的想象可以采用下列几种方法，以得到实际的应用。

①综合。现代技术多是通过此种方法获得发展。松下电视的制造便是融合了来自各个国家的400多项技术，才得以研制成功的。综合的方法实际上是将多种事物结合在一起，从而创造一个更加有竞争力的产品。比如把电话和收音机合二为一，就能产生出无线电话，这虽不能说是什么突破性进展，却能够适应人们的需求，有很大的市场空间。简单地理解，新产品只不过是将不同的观念和技术杂糅起来的一种化合物。

②移植。假使你的目标产品与现有的东西非常相似，那你完全可以拿来作为参考，移植为自己的特色。

③变形。即产品的形状和格式发生改变。这种改变能够适合不同的消费群

体，从而多了一份市场。比如把录音机分为卧式和立式，冰箱隔板的设计可以多种多样，拉手位置的改变，等等，都会带给人一种不一样的感觉。

④**重组**。也许某些物体从表面看来根本不会有任何关联，但是它们的某些属性或部分却能够组合在一起产生出新的设计。比如水陆两栖坦克，事实上是坦克和船的组合；再有钢琴可以和风琴组合出手风琴。

（3）"创造性想象"与成功

一切的财富和成就，都始于一个意念，即你想去做。那么这个想法如何而得来？它产生于创造性想象力。创造性想象力能够让人产生一些新的观念和方法，它依托于现实生活，但也可以是现实中所不存在的事物。总而言之，创造性想象力导致意念的产生。

全球风行的饮品——可口可乐，其产生就是对以上道理的有力印证，当然这里面还包含了我们之前提到的"角色扮演法"。

一百年前的一天，一位乡村老医生驾车来到一个小镇，并进了那间他常去的药房，和一位年轻药剂师谈了一个钟头。之后药剂师从老医生的马车上取下一个老式铜壶和一个用来搅拌的橹状木板，他仔细检查了那只铜壶后，付给老医生500美元，那可是他全部的积蓄。之后老医生交给药剂师一张小纸片，上面写着的是一种饮品的秘密配方。而铜壶里装的正是这种特殊饮品，它可以生津止渴。而纸片上所记载的东西便是那个老医生想象力的产物。

那个年轻的药剂师叫阿萨·坎德勒，他将老医生的配方进行了不为人知的修改，并且加入了一种秘密成分，于是生产出了一种全球畅销的饮料可口可乐。我们并不知道那个配方和成分到底如何神奇，但是这个想象力所带来的创意为阿萨·坎德勒带来了巨大的财富。这便是想象力导致的成功。

那么，当你以后看到"可口可乐"四个字的时候，你要知道它不只是一种饮料的名字，它更是一个伟大创意的载体。想象力可以让你看到许多平凡事物的新面目，为你的灵魂寻找到一个新的支撑。当然，为了强化这种支撑，你还必须想办法让你的想象力变成创意并加以实现。

你应该知道，**一千个想法也抵不过一个切切实实的行动。**

诺伯特·威尔说："科学家动手解决一个确定会有答案的难题时，他的整个态度才发生了根本的改变，此时他实际上已经找到了一半的答案。"当你脑袋中潜藏着一个成功的创意，那么，请相信这个成功已经开始存在，你只需要伸出手去把它紧紧地抓牢。

4. 如何培养创新思维.

假使你期待着创造性思维的出现，那么首先你要敢于让这种创造性萌发，这是创新思维的源头。不要被传统的观点束缚了你的心灵，干扰了你本应有很大发展空间的创造能力。以下方法可以帮助你发展创新思维：

（1）要乐于接受各种创意

一位在保险业表现杰出的人曾经告诉他的朋友："我并不想装得精明干练。但我却是保险业中最好的一块海绵，我尽我所能去汲取所有良好的创意。"在你尝试之前，不要坚持认为什么是愚蠢的、没有用的，也许当你对一个创意充分肯定时，它就会给你惊喜！想想那些成功的人，他们从不轻易否定自己或别人任何一个不同寻常的想法。

（2）要有实验的精神

不要让你的生活只是日复一日地简单重复，你应该去体验一些新的东西。

改变你原有的固定式安排，去没去过的餐馆享受午餐，看一些没有接触过的书籍，或者曾经讨厌的悲剧片。你还可以认识新朋友，走一条未走过的路，在周末做一些新鲜事，安排一个不同以往的假期。如果你是一位销售工作者，可以去参加一个业余培训班，学一些会计和财务知识，这对于扩展你的工作能力会很有帮助，在被委以重任的时候，实际上你已经作了充分的准备。

（3）要明白进步的本身就是一种收获

通用电器公司一直用这样一句口号来激励员工：进步本身就是公司最重要的一项产品。那么，我们不妨将进步也变成自己的一项产品。但凡获得重大成功的人，都在不断地为自己和别人设立更高的标准，不断寻求取得进步的办法。他们想方设法地用最小的投入获得最大的产出。当一个人抱着"我能把事情做得更好"的态度去行动，实际上那个"最好的结果"就留给他了。以下的练习就能帮助你发现"我能做得更好"的态度的能力。

当你每天早上坐到办公桌前，给自己十分钟的时间来想这样的问题："我怎样才能把今天的工作做得更好？""我该如何使自己的工作更有效率？""我应该怎样激发起员工的工作热情？""我能为客户提供哪些更完善的服务？"这样简单的几个问题，效果却是很显著的。你的心理认识决定着你能发挥出怎样的能力，当你有意识地督促自己进步时，你就能找到更多富有创造性的方法，争取获得更大的成功。一旦你想到更多，你往往也能做得更多。

（4）想办法寻找灵感

灵感总是在不经意间被激发出来，我们可以通过下面两个方法来增加它被激发的频率。

第一，加入一个自己本职行业的团体。你所选择的这个团体必须是有活力和希望的。在这里，你能够跟那些有发展潜能的人交流，在交换意见的过程中往往会有突如其来的灵感光顾。常听到有人说："在某次会议中我突然有了一个灵感。""那个聚会让我忽然间心血来潮。"多参加一些集体活动，一个紧闭的心灵多半是营养不良的，它既满足不了自身需要，更不会了解他人的需要。学会在他人身上寻找灵感，这会让你得到丰盛的精神食粮。

第二，参加一个或多个行业外的团体。接触各式各样的人们，包括那些没工作的人，落魄的人，有着各种奇特才能的人士。你会觉得自己的眼睛看到了另一个世界，当然你也能从中发现更伟大的未来。你很快就会觉得，这对于你的工作进步是多么重要。

5. 如何管理和利用创意

创意是一个人思想的花朵，只有在适当的管理下它才能结出果实。一个创意只有得到实际的操作才具有价值，否则就永远停留在萌芽状态中。你可以在以下三种方法的指导下管理和发展自己的创意：

（1）不要让创意平白地飞掉，要随时记下来

创意在到来之前并不会像拜访的客人一样提前打个招呼，它总是随时随地地出现。我们在一天中的任何时候，可能在等公交车时或者做晚饭时，一个新点子就翩然而至。但是如果你想忙完了再去理它，那它就会生气地离你而去，让你找不到。你应该对这个突然造访的陌生人热情一些，向它表示你的欢迎。一旦你有好的创意，赶快记下来。那些沉迷于创作的艺术家之所以有那样善于创造的心灵，正得益于他们对灵感的珍视和把握，那可是宝贵的思想结晶。

（2）定期复习你的创意

人的大脑总是有很多意想不到的新奇想法，可能你视为珍宝的某个创意在下一秒就被更好地取代了。把你的创意仔细收好，随时作一个检查，把不必要的扔掉，保留下那些有价值的。很多画家在成名之前撕掉了原以为完美的作

品，直到真正完美的作品出现。

（3）继续培养及完善你的创意

好的创意如同艺术创作，一件艺术品只有经过多次的精雕细琢，才能渐趋完美。创意也一样，你需要不断去拓展一个创意的深度和广度，把可能的关联放到一起，然后从多个角度进行研究。当时机到来的时候，你就可以让它得到充分的发挥，来改进你的工作和生活。建筑师在有了灵感时会画一幅草图；广告策划者在想到好的促销点子时，会立即制作成图画；作家也要在有了提纲后才开始写作。

把你的灵感用一种具体明确的方式表现出来，当你仿佛看到它的真实形象时，发现里面的漏洞就不再困难，在改进的时候也就有了较明确的方向。当然，最重要的是你要把这个所谓的创意传播出去，让人们肯定它的价值。不管是你的员工、老板，还是朋友、顾客、生意伙伴、团体成员，你只有推销出去了才没有白费力气。

（4）不要轻易放过偶然的现象

在你阅读了大量科学家的故事后，你会发现，那些伟大的科学发现或成就，许多都归于偶然。人们在长期的生活实践中，总会有一些意料之外的事情出现。这说来也并不神秘，只是由于人们对当前事物的认识还不透彻，在打交道的过程中往往能把它了解得更加清楚。对待偶然发现，不可轻易放过，想办法搞清楚它的原因。正是因为这些偶然出现的东西不在旧的思想体系范围内，它往往能给人们带来新的认识，成为科学研究的新起点。

英国细菌学讲师弗莱明一直希望能发明一种杀菌药物。1928年，当他正研究毒性很大的葡萄球菌时，忽然发现原来生长得很好的葡萄球菌全都消失了。会是什么原因呢？经过仔细观察，他发现是有些青霉菌掉到了葡萄球菌里。显然是青霉菌消灭掉了这些葡萄球菌。这一偶然发现让弗莱明兴奋不已，于是导致了青霉素以及一系列抗菌药物的发明，这在医药学中是很惊人的成就。

偶然发现看似没有花什么工夫就创造了奇迹，实际上这种发现也不是轻易得来的，它建立在一个人长期的苦心钻研和经验积累上，并且需要对新鲜事物有高度敏感性，他被要求有一种善于发现和自知的能力。一个对所研究的对象从没下过工夫的人，即使奇迹摆在眼前他也还是会视而不见。只有那些不断耕耘的人才能成为奇迹的宠儿。

（5）不要小看自己无意中产生的灵感

赶去上班的男士们大概都不希望因为匆忙地刮胡子而划伤了皮肤，毁了形象。大家已经习惯使用的安全刀片发明者吉利，他的发明创意其实来自一件很偶然的小事，而这件小事却改变了他的人生。

吉利之前只是一家瓶盖公司的推销员，他总是极力地缩减开支以供他喜爱的研究发明。但是这样过去了20年，他仍然一事无成。

1985年夏天，吉利到保斯顿市去出差，在返回之前的一天买好了火车票。第二天睡过了头，他匆忙地刮胡子时，服务员急匆匆地告诉他火车马上就要开了。吉利慌忙之下用刀片刮伤了嘴，他用纸擦着嘴角的血懊恼地想："要是刮胡子的刀片可以不刮伤皮肤，那可就方便多了。"回去后，他开始埋头研究起不伤皮肤的刀片，千辛万苦后，他终于制造出了安全刀片。人们称他为"安全刀片大王"。

小事触发灵感的范例在我们周围大量地存在。克鲁姆是一位在美国生活的印第安人，也就是炸马铃薯片的发明者。1853年，克鲁姆是萨拉托加市高级餐馆的厨师。一天晚上有个法国人来就餐，他是一个很难打发的客人，总是挑剔克鲁姆的菜味道不够好，特别是那个油炸的土豆片，厚得让人难以下咽，甚至说了许多难听的话来形容这道菜确实很让人恶心。

克鲁姆气愤地骂着，同时拿起马铃薯，把它切成极薄的片，然后扔进滚热的油锅，不料这样一个简单的改变竟然造就出一道美味。不久这种金黄色的美味土豆片进入了总统府，并且现在仍作为美国特有的风味小吃，是美国国宴中的重要食品之一。

如果你能给自己一点细心观察的时间，你会看到，很多小事也许会把你引向成功的殿堂。

佛罗里达州有一位画家叫做律薄曼。他是一个穷画家，只有很少的画具，仅有的一支铅笔也被削得短短的。一天他正在绘图，需要用橡皮擦的时候发现找不到了。好不容易找到了橡皮擦。铅笔又不见了。之后为防再次丢失，他用线将橡皮缠在了铅笔尾部，但过一会儿橡皮还是掉了。

"该死！"他气愤地骂着，与此同时正在琢磨怎样可以让橡皮不丢失。他终于想出一个巧妙的主意：他剪了一小块薄铁片，把铅笔的顶部和橡皮绕着缠了一圈，这样一个小办法使他再也没有丢失过橡皮擦。后来他把这个小玩意儿申请专利，并拿这项专利与一家铅笔公司做交易，从中赚取到了55万美元。

看吧，这就是无意中的小主意成就的大人物。试试吧，你的主意可能会是改变你人生的刀片或者铅笔。

看到这些事例，你是否有一种想要尝试的冲动？首先你要去观察，并且学会灵活思考，一个迂腐守旧的人是不会得到机遇垂青的。想想看，那么多人在用刮胡刀，可发明了安全刀片的人却只有那么一个。

Part_ 6 训练出众的
社交技巧

>>> 　　在人际关系中最重要的就是懂得尊重，尊重别人的心理、感情、精神和观点，尊重别人眼中和内心的世界。懂得尊重的人，他们敢于承认自己的不足之处，重视别人不同的见解，乐于在这些合作中吸收更多的知识，从而丰富自己。

◎ 成功者善于合作

　　人的成长过程就是人的社会性渐进的过程，而且，人的社会性是随着环境的改变而改变的。处在复杂的环境中，你会去适应而把自己变得复杂，相反地，处在简单的环境中，你就会把自己变得简单。还有就是一个人的欲望，对金钱和权力的欲望，也会改变一个人的社会性。所以在不同的环境中，我们要学着去适应，不断地改变我们的社会性。这一点，正是一个人必须训练自己的社交能力的原因。

　　不能不承认，现在的年轻人都被一种错误的观念误导：要想成功，就必须得利用别人，踩在别人的身上才能达到目标。可事实证明，他们的做法和现实是相反的。乔治·马修·阿丹有句名言："帮助别人往上爬的人，会爬得最高。"你如果懂得和其他人合作，帮助他们达到预期的目标，作为回报，他们也会给予你需要的东西，你帮得愈多，得到的也愈多。

　　大雁经常以"人"字形飞行。但我们不知道的是，这些大雁经常变换领导，因为作为首领的大雁能减弱它左右两边的大雁飞行的阻力，增加飞行的速度。科学家通过观察发现：以"人"字形飞行的成群的大雁比一只单独的雁可以多飞20%的距离。人类往往不明白合作的道理，在彼此争斗中失去一次次成功的机会。

最好也是最容易被人忽略的一种合作关系，就是家庭的合作，尤其是我们和配偶的合作。如果丈夫和妻子认真积极地配合，他们不仅可以很容易地取得成功，而且还会获得很多乐趣，从中得到幸福。在这个过程中，共同的兴趣很重要，如果其中一个人在刚开始的时候并不是那么积极热情，没关系，用你的热情去感染对方，把你的好思想介绍给对方听，让对方知道你们两个人的合作是多么重要。这种合作关系的建立以及所要达成的目标是多么美丽的一件事！

★ "社会性"的人际力量：合作产生力量

十根筷子比一根筷子更难折断，只有合作，才能产生无限大的力量。其中，对于合作来说，最重要的因素就是专心与协调。

分析你所从事的职业或者你所熟悉的行业，你会发现，那些成功运营的企业内部都有很好的合作机制，而不太成功或者是失败的唯一缺陷就是没有运用合作。但是，团队的合作往往需要不同才能的人才。如果一家法律事务所只聘用具有同一才能的人员，即使都是精英，那么它的发展也会大大受到限制。

所以，一个想取得成功的组织，如果只把人组织起来是完全不够的，还要保证这些人思想的多元化，即每个人都拥有一项这个组织中其他的成员都没有的特殊技能。他们通过相互合作、相互协调，使自己拥有强大的力量，让公司达到利润的最大化。

任何一家明智的企业，都不会只用一种人才。比如，销售人员的热情和开放是财务人员所不能拥有的，同时，财务人员的理智、保守和深思熟虑是销售人员一定不能具备的。任何成功的企业都不能缺少这两种人。

★与人合作会给你带来双重奖励

不论什么样的斗争，原因如何，都能使斗争的双方两败俱伤，造成持续性的伤害。因此想要快速获得成就只能通过友好的合作。无论你的想法多么独特，只要离开了他人的帮助，一个人始终都是无法成功的。就像一个人想去一个荒无人烟的地方过自己的生活，即使远离文明，他仍然需要他身体以外的东西来维持他的生命。在这个文明的世界里，你必须依赖合作才能生存。

无论你以什么方式谋生，如果你以"友好合作"而不是"互相争斗"作为生活哲学，那么你不仅可以过得顺心，可能有时候还会有额外的惊喜降临。这是其他人所享受不到的。

为了生存，为了获得财富，我们在这个世界里努力奋斗着，这消耗了我们大部分的时间，我们无法改变人的这种天性，但是我们可以改变获得财富的途径。用友好的努力合作获得的财富，会让我们心安理得，如果是用相互的争斗、彼此的猜疑获得的财富，必然会使我们在心里留下伤痕，整日惶恐不安。

贪心的人可能会拥有大量的物质财富，但是，他们为了获得更多的利益，可能会出卖自己的灵魂而整天心神不安。但是"合作"就不一样，它不仅可以帮助我们获得我们想要的一切，还可以让我们获得内心的平静。

这种双重的奖励，是自私和贪心的人永远不能得到的。

和谐地与别人合作，联合大家的智慧，激发出你的潜能，你的力量就会无限地扩大。这样，不论你在任何领域都能获得成功。

★合作原则是我们获取成功的必要元素

人类最大的智慧就是能够自觉地积聚众人的思想，从而反过来激发个人潜在的巨大能量。这样就算面临再多的困难和再大的挑战都不畏惧。

一样大的树林，树木种类多的比种类单一的要茂盛得多，这是因为不同的树木在一起，它们的根会相互缠绕，因而可以改善土壤的营养配比。合作所产生的效果就是整体的作用大于各部分作用的总和，也就是一加 大于二的问题。就像折断两根木头要比折断单个的木头难得多。

虽然大自然和人类社会并不是完全一样，其规律应用在人类社会中也并非完全适用。但是，只有勇于尝试、敢于创新的人才能走向另一个天地。

◎ 一定要学会沟通

★沟通的三个层次

要想在社交中展现价值，发挥自己的作用，就必须尊重差异，接受各种各样的想法，同时也要勇于发表自己的意见。有些人可能会觉得，这样容易抛弃掉自己明确的目标，在沟通中被别人的想法左右，其实并不是这样。

谁都没有能力掌控整个事件的发展。随着沟通的加深，你会更有安全感和信心，它们使你相信这和你的目标是完全一致的，并且可以实现。

在生活中，大部分人都把自己封闭在一个狭小的空间里自我创造，这就导致了他们满腹的才能全都浪费掉了。而只有很少的人在家庭或者同事的合作中获得快乐。

一场球赛可以激发一个人的团队精神；一次灾难可以唤醒一个民族同生死共存亡的意识。这些感人的场面，通常被人们称做"奇迹"。只要我们肯与别人沟通并且密切合作，这些感人的画面就可以成为生活的常态。

我们必须采取这样的态度：每种不同的意见，必定有它的精髓所在，和我观点不同的，一定有我未曾考虑到的因素，所以应该相互沟通和相互了解。

一般情况下，沟通可以分为三个层次：

第一，低层次的沟通

这种沟通信任度低，双方多为自己着想，努力使自己的观点没有一点瑕疵。这样的沟通只会让双方更加坚持自己的立场，不是有效的沟通。

第二，彼此尊重的沟通

这种沟通方式中，双方有一定的了解，但还没有触及其真正的原因，所以不一定都为对方着想。他们都保持礼貌，但没有完全表达自己的意见，所以就不能共同探讨解决问题的途径。这种沟通方式中，相互妥协是最终的结果，沟通的效果没有全部发挥出来。

第三，集思广益的深层次沟通

在这种沟通方式中，每个人都深入地发表意见，探讨问题。在平等的沟通中，所有的成员都会收获很多。

可是，大部分人在共同探讨时通常只会极力维护自己的观点，曲解别人的观点，有的甚至打击、批评他人，他们浪费大部分时间在玩弄手段上。

意见发生分歧时，应该及时踩刹车，停止争执，可是多数人却踩油门，双方都为自己找出更多的理由，这样是不可能发挥相互合作的创造性作用的。在合作中，要想达到预期效果，损人利己或者讨好别人等一切不成熟的行为都必须避免。

团结并不是要求意见一致，而是不同意见可以相互融合，尊重差异。齐心并不等同于意见相同，而是共同找出解决问题的办法，人际关系中最重要的就是接触不同的观点。缺乏安全感的人最容易忽视这一点，他们很固执，要求别人必须顺从自己，以自己为中心。

全面发展的人左右脑都会得到充分的利用，需要想象力的工作是那些擅长逻辑、理性的左脑使用者所不能完成的，这时候就需要启动感性的右脑，左脑和右脑共同运转，才能解决更多的问题。这样看来，合作不但有利于好的人际关系的培养，还对个人的才能发挥有重要作用。

★ 尊重差异

在人际关系中最重要的就是懂得尊重，尊重别人的心理、感情、精神和观点，尊重别人眼中和内心的世界。懂得尊重的人，他们敢于承认自己的不足之处，重视别人不同的见解，乐于在这些合作中吸收更多的知识，从而丰富自己。而以自己为中心的人，认为自己就是客观的标准，和自己意见不一样的就是错误的，这样实际就把自己与世隔绝了。

矛盾的意见不存在逻辑上的合不合理，而取决于心理作用，有些矛盾完全可以合情合理地存在。和与自己意见差不多的人在一起，不论对谁都是没有太大收获的，人只有在不同的环境中才能收获自己没有的知识。

有一则寓言故事叫做《动物学校》，向我们说明了差异的重要性：

为了使下一代更好地生存，动物们决定建造学校。校方设定的课程有飞行、跑步、游泳、爬树等，为了动物们能全面发展，校方要求所有动物必须要学习全部课程。鸭子游泳和飞行课的成绩算是最好的，可是在跑步上就显得很笨拙。为了可以跑得更快些，鸭子只好加强练习，甚至放弃游泳课来练跑。到最后不但磨坏了脚掌，游泳的成绩也落了下来。鸭子觉得很不值。兔的跑步成绩在所有动物中是第一的，但是对游泳无计可施，兔不知道怎么办才好。松鼠爬树的成绩名列前茅，可是它对要求从地面起飞的飞行课一筹莫展，整天愁眉苦脸的。最后飞行的成绩非但没上去，爬树和跑步的成绩也落了下来。老鹰飞行和爬树应该是最好的，可是它完全不理会老师的要求，坚持用自己的方式。

在学期结束时，以最优异的成绩毕业的是一条勉强能飞能跑能爬和游泳技艺高超的鳗鱼。同时，地鼠因为学校没有设置打洞课而集体抗议，它们又与土拨鼠另外设了学校。

★沟通时你要重视每个人的参与

社会是一个相互依赖的环境，人们之间相互依赖，共同生存。团结起来才能抵御外界的各种不利因素。动物和人之间也是如此。

每个集体都是由不同的个人组成的，是否重视个人的参与对集体的成败起着至关重要的作用。个人越是积极地投入解决问题，他就越能发挥自己的创造力，也更能得到大家的认同。

说到底，要想成功，最有效也是最正确的方法就是相互合作、共同发展。

可能我们不能掌控每个人的思想和合作的整个过程，但是我们仍然可以影响大多数的人。就我们自身而言，我们能够利用左右脑各自擅长的领域并使它们结合起来，战胜困难，激励创新。即使在不利的状况下，我们也能进行内心的组合。在与别人的合作中，我们更应该以他人的长处来补自己的短处，即使在僵持的局面下，也能找出解决问题的办法。

◎ 怎样才能获得合作

★获得合作的几个要点

1. 让他人觉得想法是他自己的

每个人都喜欢赢得别人的关注，都重视自己。即使是你最好的朋友，他也不愿意花费大部分的时间在你的身上，听你滔滔不绝地讲自己的事。

有一位哲学家说过："如果你想树立敌人，只需要你表现得比他好，处处打压他就行了；但是如果你想交朋友，那就必须让别人的表现超越你。"

当我们处于一次谈话的主导地位时，我们会有一种优越感，当我们处处比别人强时，就会让他们产生嫉妒和自卑的情绪，那么别人也不想和我们成为朋友。所以，如果我们想得到朋友，那就应该以谦虚的心态对待人和物，重视、关心别人，鼓励别人表达自己的意见、畅谈自己的成绩，少说一些打击别人的话，这样对我们的人际关系是有好处的。

人们都会有一些自我的思想，没有人愿意被强迫。要想获得他人的信任，赢得别人的合作，我们就得征求他们的意见和需要，让他觉得想法是他自己的。没有人让他遵照命令做事。换一个角度想一下，如果有人强迫我们做一件事，我们会很不高兴地接受，这样就会影响效率。

2. 善于从他人的立场看待问题

无论什么时候，换种角度去思考问题，你就会发现另一个新天地。可能别人犯了一个共知的错误，可是他不这么认为，要不也不会那么做，所以不要去责备他，忠实地站在他的立场思考一下问题，这样就能找出解释他这个错误的原因了，你也会因此获得友谊。面对别人的错误，聪明的人会对自己说："如果我是他，我会怎么做？"这就说明你会从别人的观点来看事情，你努力寻求事情发生的原因，那么你对产生的结果也不会那么厌烦。你可以省去大量的时间，而且还可以减少你和别人的摩擦，增加你做人处事的方法。

只有愚蠢的人，才会去责备一个犯错误的人。

肯尼斯·古地在他的一本著作中曾经说道："用一分钟的时间，将你对自己事情的那种浓厚兴趣和对别人事情的冷漠作个比较，你就会发现，别人现在也是这样的态度。"那么你就跟那些伟人一样，已经获得了一种能力，这种能力是任何一项工作都必须具备的（监狱看守员除外），即善于从他人的立场看问题。

有人际关系的合作中，你能否获得胜利，要看你能否真诚地从别人的立场看事情，用同情心接受他人的特点。

一次谈话最融洽、最兴奋的时刻，往往出现在谈话一方表现出很重视另一方观点和感觉的时候。在谈话刚开始的时候，先让对方表达自己的见解，提出谈话的目的，引导谈话的方向。双方不断地转换角度，如果你是听者，那么你说的话必须是对对方的回应，如果对方是听者，假使你的话中包含了他的观点，这也将促使他很高兴地接受你的观点。

从别人的立场分析事情，还可以减缓紧张。

生活在澳大利亚的伊丽莎白曾经历过这样一件事：她过了六个礼拜都没有付清买汽车的分期付款。这天，负责她这件事的一名男子打电话来，很不友好地对她说，如果星期一她还付不清的话，他们公司就会采取一定的措施了。周末，伊丽莎白没有筹到钱。所以星期一早晨的那通电话，比那天的态度更不好。但是，她并没有和那位男子一样发脾气。她从那位男子的立场看待这件事情，觉得自己真的给他带来了很多麻烦，并为她好几次过期未付款的事情感到抱歉。她向那位男子道歉说：真不好意思，我一定是您最麻烦的客户。他的态度立刻就转变了，并开始向伊丽莎白描述他的其他顾客是多么不讲理，多么令人头疼，有时候根本就不和他见面。伊丽莎白什么话也没有说，只是安静地听着。那位男子又说：您不用担心，就算您不能马上付清钱款也没关系，您可以先给我一部分，然后在您方便的时候再把其余的给我，这样什么问题都解决了。

当你请求别人做事时，你可以从别人的立场思考一下整件事，静下心来想一想别人为什么要这样做？这可能要花费你很长一段时间，但是这能使你减少沟通中的摩擦和冲突，达到你想要的结果，获得友谊。

哈佛商业学院的唐哈姆院长曾说："在见一个人之前，我情愿花两个小时的时间在他办公室前面的人行道上，用来形成清晰的思路，也不能大脑一片空白地走进他的办公室。因为如果这样，我不知道说什么，也不知道该怎么说，更不知道面对我的问题时，他会怎么回答。"

3. 请求对手的帮助

一个人所做的一切努力就是为了一个目的：做一个重要的人。这种欲望是人的天性。有时候，为了促使这种欲望的实现，你需要对手的帮忙，这能使你获得友谊和合作。

伟大的思想家、文学家本杰明·富兰克林年轻的时候就使用过这种方法，把一个阻止他成功的人变成了他一生的挚友。当时，他办了一家小的印刷厂，投入了所有的钱。同时，为了使印刷厂获得更多的利润，他必须获得议会里的文书办事员这一职务，因为这样他就可以把议会里的所有文件全部用自己的印刷厂来印刷。可是，议会中一位有钱又很有才能的议员很不喜欢他，甚至还在公共场合辱骂他。这对富兰克林的参选是很不利的，所以，他必须采取一些措施让那位议员喜欢他。心思缜密的富兰克林并没有采取一般人的做法：贿赂他的敌人。因为他知道这样只能让对方更看不起自己，而令自己陷入窘境。

他所做的事情就是令对方高兴，他向这个议员提出了一个请求，而这正好满足了那位议员的心理要求。富兰克林讲述了他的请求：

我知道他收藏着一本十分罕见而且珍贵的书，并且把这本书视为骄傲。于是，我就写了一封信，表示我非常喜欢这本书，想从中得到一些宝贵的知识，请求他慷慨地把书借给我，让我好好阅读几天。不出意料，他马上叫人把书送了过来。当我把书还回去的时候，表达了强烈的谢意。

当我们再一次在议会里见面时，他居然很有礼貌地向我问好，这是从来都没有发生过的。从此，我们经常往来，互相帮忙，慢慢地，我们变成了一生的好朋友。

富兰克林的这种做法让这位议员感觉别人是在肯定自己，自己的知识和成就获得了别人的尊重。让别人获得了满足，自己也得到了伟大的友谊。

在销售中，如果灵活地运用这一原则，将会取得巨大的成功。

有一位铝管和暖气材料的经销商克鲁斯，他一直想跟一位业务极大、信誉极好的铅管商合作。但是这位铅管商同样也是一位蛮横、刻薄、脾气坏的人，他经常使别人陷入窘境，所以克鲁斯为了和他做生意吃足了苦头。克鲁斯每次去拜访他的时候，他总是叼着雪茄烟，坐在办公桌后面的椅子上，看见推门的克鲁斯就大吼："你又来下什么？我什么也不要！出去吧！"克鲁斯心想一直这样下去是签不了订单的，他必须想出另一种办法，打破这种局面。

正好这个时候，克鲁斯的公司要在一个社区购买一家公司作为自己的分公司。而那位铅管商在那个地方有很多的生意往来，所以对那个地方非常熟悉。于是，克鲁斯想到了一个办法，他再一次去拜访铅管商，走到他办公室说："这次我不推销东西，我是来请你帮忙的。我能不能占用您一点时间和您谈谈，因为我需要您的帮助。"克鲁斯说："我们要在一个社区购买一家公司，正好我听说您对那个地方非常了解，因此，我想请教一下您的看法。"那位铅管商马上热情地招待了克鲁斯，他们两个相对坐着，谈了很长一段时间，那位铅管商向克鲁斯介绍了那个社区的特点并非常赞同把分公司设在那里，而且他还向克鲁斯介绍了业务上的知识，告诉他怎么才能做好。他甚至把家里的困扰和他最近的烦心事都告诉了克鲁斯。

当克鲁斯离开他的办公室的时候，口袋里装了一大笔的订单，除此之外，他们还建立了长期的业务关系。他们还经常一起出来做运动，彼此收获了友谊。

让你的对手帮助你吧，你就会少一个敌人，多一个朋友。 每个人都想成为重要的人，而这体现在人们对你的需要上，自己被需要多了就证明自己很重要。

4. 化冲突为合作

冲突会导致四分五裂，合作则能实现繁荣共存。

任何物体之间都存在差异，这没关系。但是如果强调差异，就会产生冲突；但是也不能忽略差异，而要适当地降低差异，这样就可以将差异化为团结。事实上，沟通上的困难只存在于你和一小部分人之间。为了解决这一问题，你需要唤醒对沟通技巧的注意，其实这些技巧你早已经不自觉地开始使用了。那么，现在你应该更加注意它，让它帮助你克服这些困难，把你的人际关系化差异为团结，让你和别人建立信任的关系。

（1）两种基本技巧：同化和转向

为什么你不能和所有人都相处得很融洽呢？为什么有些人很容易相处，而有些人却很难对付？为什么一个人有很多好朋友却也有很多敌人呢？告诉你原因：合作实现繁荣共存，冲突导致四分五裂。过分地强调人与人之间的差异就会引起冲突，差异越来越多，人与人之间的关系也越来越远。

把精力放在降低差异，找出自己与他人的共同点上，我们就会很容易应付所有的人。我们和朋友也经常发生矛盾，引起冲突，但是我们和朋友往往都有相同的立场，这样冲突就会逐渐缓和；而和难以应付、不太熟悉的人则不是这样。很明显，一次成功的沟通靠的就是降低两人之间的差异，找出共同的观点，使结果向好的方向转变。在这个过程中，同化和转向是不可缺少的。同化就是降低彼此之间的差异，站在别人的立场上看事情，以便达成共同的观点；而转向是利用同化产生的友好关系来实现相互方向的改变。

同化在日常生活中经常被你使用，只是你没有注意到。它时刻影响着人们的生活，当人们具有相同的观念、和一个人交朋友或者表达自己的关心时，都是在使用这个技巧。

比如，你在火车上的一次谈话，让你遇到了一个和你去相同目的地的人，有了这样的发现，你们就会一起谈论起那个地方，沟通就顺畅多了，感觉关系也更加亲近，差异也就减少了。这是同化的一种形式。又比如，我们都有和朋友一块去吃饭的经历，在餐厅里，我们会问对方："你喜欢吃什么？"或许你真的想知道朋友想吃什么，但更多是想加深他和你的关系；如果你在吃饭前要了一份甜品，那么相信你的朋友也会跟你一块要。这也是同化的形式。如果你的孩子从外面玩耍回来，把自己的胳膊弄出血了，而且还在哭泣着，你肯定会把他抱起来，关心地看着他，让你的孩子感受到你强烈的爱。或者，蹲下来，轻轻地揉着孩子的胳膊，并且马上给他包扎，用关切的声音问他：痛不痛？这说明，孩子的痛已经转移到你身上来了。这也是同化的形式。在一个地方住久了，你会发现你说话的音调越来越像当地人了，这就是你想和那里的人亲近的一种自然的外在表现。同化有很多种形式。要想你和别人同化，你可以根据别人的表情、动作和反应来决定自己该怎么做；可以在语言的音调上和别人一样；也可以用直白的语言表达相同的立场。和你的朋友或是某一方面相同的人同化，丝毫不费力气；和难以应付的人在一起感到别扭也是再自然不过的事。但是如果你不及时降低差异、实现同化的话，后果是很严重的，它可能会成为冲突的源头。

（2）没有人喜欢处处和自己作对的人

在你和他人的关系中，不存在熟悉和冷淡之间的关系，除了相同的观念就是彻底的相反。你和你眼中难以对付的人唯一相同的地方就是，你们都想知道：某一个人是不是和你们处在同一立场。

无论什么情况，要想转化方向，必须发生同化。无论你以倾听方式了解别人或者要别人明白自己说的话，首先都要利用同化，和别人建立友好的关系，才能转变方向，获得成功。

相信下面的策略，你或多或少都使用过。那么，现在你可以再系统地学一学，怎样和难缠的人进行有效的沟通，顺便再想一想，下一回该怎么更好地运用这些策略。

（3）以身体语言和脸部表情来同化

身体语言和面部表情也是一种传达信息的方式，运用得不好，也可能会造成很多不必要的误解。比如多数男人喜欢用手势表达一定的意思，而大部分女人都喜欢用言语表达。他们之间就常常发生误解，男人可能觉得女人只用传统方式，太死板；而女人感觉男人手臂到处乱挥就像失去了控制。有的人喜欢微笑，对谁都礼貌地微笑，这可能让总是皱着眉头的人看不惯，认为他们要么是傻子，要么就很阴险；同样总是微笑的人认为皱眉头这种表情很让人反感。还有很多：有的人习惯走路时眼睛直视远方，有的则总是低着头往下看；有的人喜欢吃饭前喝杯饮料，有的则喜欢饭后喝。不同的行为方式可能都是产生误解的原因。

仔细观察你会发现，你和朋友们的动作、表情是如此相同，你们有时候甚至会同时说出同一句话。如果你正和一个躺在床上的朋友兴奋地交谈着，过不了多久，你也会不自觉地躺在床上。如果这个朋友坐起来直视着你，那么你也会作出同样的回应。当一个人向你微笑时，你不可能还是愁眉苦脸的，你会很自然也向他微笑；当一个人向你倾诉时，你也会表示关心并向他吐露自己的心事；当一个人用身体语言来表达时，你也会做同样的动作。

当你没有事情做的时候，不如回想一下你和他人彼此同化的过程，或者利用你闲暇的时间，仔细观察两个人的非语言同化的动作，这将对你很有帮助。经常吵架的一对夫妻，或者破裂家庭中的成员，他们之间一定有很多不同的地方，而且不注意相互同化。身体动作和脸部表情的同化是不受自己的大脑控制的，都是自觉地产生的。同化可以使人与人相互信任，帮助我们开始一段友好的合作。在不利的环境下，对付难缠的人的一种有效方法就是尽量在动作、表情和语言所表达的意思上和他一样，这就好像在告诉他："我是站在你这一边的，我们是合作伙伴。"

同化在沟通中是必不可少的。但是，如果你过多地同化别人的非语言动作，从头到脚都在模仿他，这会让别人觉得不舒服，会让他们感觉自己在被嘲笑。行为的同化一般发生在相处得比较好的人之间。通常情况下，行为上的同化都是有时间差异的，当你看到你的一个朋友跷着二郎腿，你不会马上就跟他学，而是要过一段时间，你才和他有相同的动作。有时候，你和别人有相同的表情，但传达的意思却可能不同。

但是，同化并不是所有矛盾的解决方法。当别人对你不礼貌时，你不能用同样的方法去对待他。有人故意对你说"你是个笨蛋"，面对这种有敌意的行为，如果你也向他大吼"你是个笨蛋"，那这就不是同化了。对待这种情况，我们应该使用同化的另一种方式——淡化。

（4）以声音的音量和速度来同化

要实现有效的沟通，声音的音量和速度上的同化也是很重要的。你应该根据对方的音量和音速来转变自己。和说话声音大、速度快的人在一起交谈，那么你也会越说越大声、速度越快。如果你用比较慢的速度和说话快的人交谈，那么他就不会享受到那种速度感，导致双方都很别扭；反之，说话慢的人喜欢自由自在的感觉。安静的人和爱热闹的人也各有各的喜好。在交谈中，如果你不能和他人同化，就会产生尴尬的局面，还可能会造成误解。

很多家庭之所以会产生代沟，不是沟通不够，而是同化不够。曾经有一对母女找到专业机构，想消除她们之间无法缓和的矛盾。从她们的叙述中我们知道，当母亲对女儿生气时，总是语速加快，但是，加快的原因不仅仅是因为生气，还有很多其他的原因，比如，生理的自然反应等。这时候女儿就是沉默，因为母亲说话的方式，女儿不想理会她说的每一件事，这让母亲感到失望极了，很自然地就会大发脾气，面对这种情形，女儿就更沉默了。很多亲子关系就像这一对母女的关系，到最后，越走越远。她们并不是给予彼此的爱不够，而是没有将爱用适当的方式表达出来。这对母女知道了她们的问题所在后，就开始改变自己的行为。母亲开始用较慢的速度说话，因为她知道了只有用慢的语速，女儿才能多注意；女儿也开始把注意力从母亲说话的方式转移到所说的内容上，因为她明白了速度快并不一定代表生气。

矛盾的双方只要有意识地在音量和音速上同化，那么就能进行一次有效的沟通。

（5）懂得倾听才能了解别人

每个人都有一种被倾听和被了解的愿望。

一个人无论高兴还是心烦，当他用语言表达自己的时候，他都希望正在听的人能作出反应，和他们互动起来，更希望别人了解自己。就算连说话的人都不了解自己，他也希望别人能够了解。但不幸的是，如果两个或两个以上的人都急切地想被倾听和了解，那么没有一个人愿意去倾听，结果只能是相互争吵或者互不理睬。

在交谈中，成功的沟通者则懂得把倾听和了解别人作为首要目标。

想要进行成功的沟通，你必须要舍弃一些东西，那就是舍弃你自己被倾听、被了解的需求，即使在你最不情愿的时候。不过有舍弃就一定有收获，他们完全地表达了自己，把心里的想法和烦恼都清理干净了，而且你的倾听能回馈给他们心灵上的安慰。他们作为回报，就更愿意听你说话了，他们也急切地想了解你，这样你被倾听和了解的机会就增加了。

懂得倾听，你就会把事情做对，这可以赢得上司的赏识、获得友谊，还可以抓住每一个可以利用的机会。"石油大王"洛克菲勒对倾听的作用深信不疑，他常说："我们必须坚持以耐心的倾听和透明的讨论为原则。直到分析完最后一点有关的事实后才能尝试下结论。"洛克菲勒做事非常细心谨慎，他从不仓促地下结论。

每天抽出一点点时间练习倾听，那么你的收获将会大大超出你的想象。如果你仔细听清楚了上司的要求，就可以一次成功地把这件事做好，这样你晋升的机会就大了；如果你倾听了前人的教诲，就不会走那么多弯路，也不会走错方向；如果你听清了客户的需要，就可以按照他们的要求完成任务，不用反复地琢磨，就可以节省时间做其他有意义的事。练习高尔夫球，可能只是分数上有些改善；练习倾听，却可以给你带来这么多的好处。

下面是一些倾听的技巧：

①倾听不是被动的，它是主动的过程。因此我们要保持高度的敏感，随着

对方说话的重点，变换我们的思维。

②**倾听的重点在"听"，所以应该少说话。**在听的同时再发表自己的意见，这不是一件容易的事。获得大成就的人一般都是听得多说得少，有的甚至从会议的开始到结束一句话都不说。上帝觉得我们应该多听少说，所以就给了我们两只耳朵，一张嘴巴。这有利于我们听取好的建议。说得太多对推销员来说，也是不好的，他可能因此而失去了一个订单。为了掌控说和听的比例，你可以做一下训练：把一根燃烧的火柴放在你手上，当它快要烧到你的手的时候，停止说话，等待别人的回馈。

③**不要在别人说话的时候，挑别人的毛病。**这可能让你觉得自己很有知识，但你的态度会让说话者感到尴尬、胆怯，他们为了使自己表达得更顺畅，而不自觉地变得自我保护。所以即使你知识渊博，在倾听时还是保持沉默吧，并且表示出你很感兴趣，还想知道更多。

④**对别人的说话表示兴趣。**倾听别人时，没有任何一种表情比兴奋更能让人高兴。真心地表示对别人的讲话感兴趣，让说话的人感觉到自己的重要性。

⑤**认真地倾听。**当你无法集中注意力时，努力排除使你分心的事物，让自己专心。

⑥**不要仓促地下结论。**让别人把事情完整地叙述完，知道了别人全部的意见后，再作出反应。先听听别人怎么说。

⑦**以"听"为主，不要花费大量的时间思考你的下一个反应。**如果你的思维跟着说话人的思维，那么你就能自然地作出反应。公司里说话最多的一般都不是最好的员工，因为他们把大量的时间都用在了思考下一步说话的内容，而不是仔细听上司讲话或者同事们的意见。

⑧**在倾听的同时还要鼓励别人多说。**在沟通中稍微运用一下这个原则就会

有惊人的效果。我们一般在谈话时往往都先随意地聊几句，然后才开始真正的交谈。这可能会出现独到的见解、有意义的信息，这时你就要以真心赞美说话的人。你可以夸奖他的陈述真精彩；可以称赞他的故事很吸引人……说话的人听后，会更有激情地讲下去。所以，当一个人做了你欣赏的事情，不要吝啬对他的奖励，积极的反应也能引出很有价值的沟通。

⑨听建议不是空洞。把你听到的意见在你心中组合起来，形成一定的结构。

⑩选择性。将注意力集中在重要的信息上，忽略那些不重要的，尽量不去听废话。

倾听对于业务人员尤其重要，注意听顾客的要求和建议，不但可以利用这些要求和建议达成销售，而且还可以节省宝贵的时间。

★ 我们需要多夸奖别人

一句真心赞扬的话，能让别人紧张的情绪放松下来；一句真诚的道谢，能让别人得到肯定。用正确的方式、适当的语言夸奖别人，不但可以让别人得到肯定，有一个好心情，还可以使我们获得快乐。

每一个人都希望得到别人的夸奖，它是人类本能的需要。对你来说，对一个你欣赏的人表示赞扬，可能是再平常不过的事，但是，对受到夸赞的人来说却有着非同凡响的意义，你的夸奖可能让他兴奋，使他获得动力，或许他的未来就因为你的这句夸奖而改变。

夸奖的话一定要出自你的内心，切忌敷衍的态度、随随便便地夸奖。比如，你的朋友买了一件裙子，兴奋地等待着你的夸赞，如果你只说："这件裙子很好看。"这显然是一种敷衍的态度，如果你加上"你眼光真好，这件裙正适合你，配上你的肤色美丽极了"等一些你即兴说出的真诚的话，那么你的朋友将会很高兴，你们的关系也会更融洽。

当一个人被别人说到他是公司里最优秀的员工时，那么他心里一定很满足，立刻充满了活力，他会为了这个体面的荣耀更加努力，争取做得更好。但是，夸奖一定要和刻意的奉承区分开，夸奖可以使夸奖者和被夸奖者同时获得快乐，对人是有益的；而刻意的奉承则是庸俗的，对双方都是有害处的。如果你陷入阿谀奉承的深井里，那么你的夸奖就不再是成功的夸奖。

同时，面对别人真诚的赞美，你也不能认为这是理所当然的，没有一点反应。比如，当你参加一个晚会的时候，可能会有人夸你的穿着很得体，你的领带让你看起来很有气质。这时候你千万不要只顾着接受夸奖，只顾着高兴，你应该立刻以相同的微笑和赞美回报给对方，你也可以夸奖他的手表很名贵，让他看起来显得尊贵非凡。这种反击式的夸奖，会使别人内心极度愉悦。你也可以在一个人的好朋友或者妻子面前夸奖他，借别人的话将你的赞美传达给他，也会收到同样的效果。

同时，我们在对别人进行赞美的时候，也要注意避免使用一些陈旧老套的恭维话。像"真是久仰大名""承蒙关照，不胜感激"，等等。如果你去拜访一个人，而他有很多珍贵的收藏品，你可以说他的收藏都是自己听过却从来没见过的，他收藏的数量都相当于一座博物馆了；如果主人养了一条狗，你可以说这条狗很可爱很听话。这种出于内心的恭维比说那些陈旧虚伪的恭维话强多了。这种源于实际的恭维，是对对方劳动的肯定，对方的虚荣心得到满足，自然就很高兴，你的交际目的就达到了。

恭维的另一个技巧就是赞扬别人不为人知的事物。如果有一位商业大亨创造了辉煌的成就，同时，他还很会写诗，那么你恭维他的时候，最好避开他商业的成就转而夸他写的诗，因为他的商业成就是人人都知道的，但是他的诗却未必如此。

你最好可以说出他的一两句诗，这样你们就很可能有一个长谈的过程，结果很可能就是你想要的。恭维一个普通人，只要夸奖他的劳动成果就能使他很愉快了；恭维一个名人，则要恭维那些他很少有人知道，但又极度想让别人知道的东西。他可能觉得不好意思，但是得到你的肯定，他心里肯定会更加高兴。

最后切记，我们在恭维人的时候，要用一种最适当的语言和方式。敷衍的话不要说，也不要恭维别人的缺点，这样别人认为你在嘲笑他，也会觉得你很无知。

★ 微笑可以带来成功

微笑是人际关系的润滑剂，它能改善人与人之间的关系。

康拉德·希尔顿被人们称为"旅馆大王"，这位美国旅馆业的巨头，就是利用微笑使自己的事业一直处于高峰状态。希尔顿在他服兵役回来之后，把他父亲留给他的全部财产和自己的积蓄全都拿了出来，投资旅馆生意。他的资产以惊人的速度从几万美元增值到几千万美元。他本以为当他把这一成就告诉他母亲时，母亲一定会很高兴，而且以他为荣。可是他的母亲却很平静地说："你除了有一点钱之外，跟以前没什么区别。如果你想改变，必须拥有价值远远超过这几千万美元的东西：光有诚实是不够的，你必须想一个办法使顾客除了希尔顿旅店，哪里都不想住，而且这个方法必须是长久、简单、容易而免费的。这样你的旅馆才能长久地经营下去。"

母亲的这一番话一直极大地困扰着希尔顿，他绞尽脑汁也没有想出符合母亲要求的想法。于是，他开始逛商店、串旅店，希望从这些服务行业得到一些启示，让自己作为一个顾客去亲自体验感受。不久，他得到了一个能同时符合母亲四个要求的答案——微笑服务。希尔顿开始把这个发现运用在旅店经营上，把微笑服务当做一种策略来实行。

每天早晨，他对员工说的第一句话就是："你今天对客人微笑了吗？"他让员工时刻记住：千万不能把我们的消极情绪反映在脸上，就算旅馆明天倒闭，今天希尔顿服务员脸上的微笑也是属于顾客的。他要求所有的员工在上班期间都是微笑的，无论工作多么辛苦，无论旅馆在经济不景气时受到多么惨重的损失。所以，在经济危机中幸存的五分之一的旅馆中，只有希尔顿旅馆服务员脸上的微笑依然像阳光一样，照耀着顾客。最后，刚过了经济危机，希尔顿旅馆就进入了它的鼎盛时期。

美国《商业周刊》有一篇文章说到："在企业管理中，顾客的问题应该是最基本也是最重要的问题，一个企业要时刻同顾客保持接触，亲近顾客，这样才能满足他们现在的并预见他们未来的需要。但是专业机构的调查研究表明：这个重要的问题越来越不受关注。他们还发现：经营成功的企业非常重视对于顾客的亲近，其中，微笑服务是一个至关重要的因素。一个服务性质的机构，如果缺乏阳光般的微笑，就像一棵树失去了阳光和土壤。或许他们应该学一学希尔顿旅馆微笑服务的做法。"

人际关系学大师卡耐基在讲课时，就利用微笑处理了许多令人尴尬的事。有一次，一位从法国来的女学生，想拿卡耐基开心一下，就用挑逗的语气问这位年轻的教师："我亲爱的老师，请你告诉我，你是更喜欢法国女子还是更喜欢美国女子？"这种问题确实令卡耐基很难回答，如果他说更喜欢法国女子，觉得不太合适；如果说更喜欢美国女子，又会让这位法国女学生伤心，无论哪一种答案，都不利于他的工作。卡耐基迅速地反应过来，用微笑的神态面对着那位女学生说："喜欢我的，我都喜欢！"就这样一句简单轻松而又合情合理的话，使他将自己从尴尬的氛围中解救出来，同时又让这位法国女学生心情舒畅。

微笑有时候甚至比说话都管用。遇到紧急情况，用微笑去面对不失为一种好方法。蒙娜丽莎那种神秘的微笑一直都在吸引着人们，当看到那种微笑的时候，人们心中一定是温暖和舒服的。

当你不想回答某些问题，或者难以回答时，用你的微笑拒绝他。盯着一个人微笑会让对方很害羞，甚至难以再继续问下去。这是一个非常好的办法。

Part_7 先改变自己，再改变世界

>>>　　内心强大的人具有坚定的意志和信念，无论有多少苦难和挫折，他都能勇往直前。这种信念不是口头上的，而是来自内心深处的，并带有深厚的感情。一个人的内心强大，常常就代表着他非常自信，这种自信是他对自身不足的深刻认识。因此他有一种开放的心态，能接受不同的声音，在听到不同于自己的声音的时候，也不会感到焦虑。

◎ 关注内心，让自己变得更强大

★内心强大的人才能无往不胜

一个真正成功的人，他们往往具有真正强大的内心，能够抵抗所有的困难和挫折。

传统意义上的强大不是真正的强大。你之所以觉得自己很强，是因为你拥有很多权力、地位、金钱等等，这些外在的东西让你得到大家的仰慕，使你得到暂时性的心理优势，可是这些东西并不能让你拥有坚不可摧的内心。甚至拥有这些东西的人，他的内心却非常脆弱，因为他们要用这些看似强大的东西来掩饰自己的脆弱。

世上为什么有富贵贫贱之分？为什么有百万富翁，也有一无所有的穷光蛋？同样是普通人，为什么有的人生活很好，而有的人却经受不住打击？当然，机会是一个因素，除了机会，或许我们应该从心中找出答案。

拥有一个强大的内心是任何东西、多少财富都无法相比的。

内心强大的人宽容、谦虚、安定，他明确自己的目标，并为之努力，不受外界的影响。他们的眼中只有自己的理想和目标，因此其余的东西都变得不重要了，他们心中不安定的因素就变得少了。他们对别人的宽容源自内心真实的感受。

内心强大的人具有坚定的意志和信念，无论有多少苦难和挫折，他都能勇往直前。这种信念不是口头上的，而是来自内心深处的，并带有深厚的感情。一个人的内心强大，常常就代表着他非常自信，这种自信是他对自身不足的深刻认识。因此他有一种开放的心态，能接受不同的声音，在听到不同于自己的声音的时候，也不会感到焦虑。他通过自己的理智分析那些不同的声音，吸收精华部分，来完善自己。

内心强大的人总是乐观自信的，他对未来充满希望，永远相信自己。这些人从来不把困难和失败放在眼里，不受那些东西的消极影响。内心强大的人始终相信自己是命运的主宰，他坚信只要自己努力，一定就会获得成功。

内心强大的人，他们往往知道自己想要什么，并且会坚定地努力去得到它们。

以上这些条件具备以后，只要稍加努力，你就能实现你的成功梦想。

★ 我们想成功，就得从内心开始锻炼

成功人士的心理在一定程度上都比普通人更有优势，因为他们的内心在一次又一次困难的折磨下变得无比坚强。如果你想成功，那就先从你的内心开始锻炼吧。

时刻想着自己并不是一件坏事。做任何事情，记住是为自己做的，那就不会抱怨了。帮助别人得到他们需要的东西，对你来说可能不算什么，可是

对他人来说却是完成了一桩心愿，同时，他们也会在你需要帮助的时候回报你。当你不愿意去帮助别人，认为别人的事和自己无关时，就把他当做自己的事情，这样你就会很乐意去做了，你自私的心态也会逐渐消失，成为一个热情的人。

积极乐观地面对一切，即使面对困境也要微笑。

积极乐观的心态是任何困难都惧怕的，它是成功路上的通行证。

宽容一些，允许别人的错误和其他的观点，你也会从中收获很多。

无论如何要拥有自己的信仰。所谓内心强大的人，最根本的是有属于自己的信仰的人，不论你的信仰是一个人、一个宗教还是一种信念。一个人的信仰能打败任何阻挡你的东西。信仰是一种力量，它能在危险的情况下支撑着我们，在严重的困难面前帮助我们获得胜利。

一个人内心之所以强大，是因为他能够用理智和清晰的思路去分析和思考。人生有得到就会有失去，这正是生活的客观规律，所以千万不要抱怨，仔细地去研究自己为什么会失去，并且珍惜现在所拥有的。一个人内心的成功不在于得到的多，而在于计较的少。法国有句谚语：只要爱在身边，处处都是天堂。

我们可能在一次灾难中变得一无所有，但是空荡的口袋并不代表我们空荡的内心。我们可以苦闷，可以失落，但是不可以内心空荡。什么样的环境不重要，关键要让我们的内心强大起来。

★ 关照别人，就是在呵护自己

乔治·伯特在他年轻的时候是一家小饭店的服务员。在一个下着暴雨的晚上，一对老年夫妇来饭店订房间，可是饭店里没有一间房间是空的了，附近的旅馆也都住满了人。乔治看着这一对可怜的老年人，想到了自己的房间。于是他说："先生、太太，在这样的天气下，我实在不能想象你们没有地方住的情景。如果你们同意的话，可以住我的房间，那里虽然不如饭店的房间豪华，但是也是很干净整洁的，我今天晚上可以在这里值班。"

老夫妇因为感觉给这位服务员增添了麻烦而显得不好意思，但是也礼貌地接受了他的好意。第二天早上，这位老先生付给乔治房费，却被他断然拒绝了，乔治说："我昨天晚上已经赚取了足够的钟点费，房费也包含在里面了，我的房间是免费提供给你们的。"

老先生很震惊，说道："年轻人，你这样的服务员是每个饭店都急切需要的，或许未来的一天，我会为你建一座饭店。"乔治笑了一下，只把它当做玩笑听了。

过了几年，仍在这家饭店工作的乔治收到一封信，这封信正是那位老先生写的，要乔治去见他，并附上了机票。乔治照做了，他在一座豪华建筑物前见到了这位老先生。

老先生指着这座建筑物说："乔治，我说过也许会为你建造一座饭店，现在我兑现了我的诺言。"乔治吃惊极了，说："您肯定是在开玩笑吧？这怎么可能呢？如果可能，请问这是为什么呢？"老先生微笑着说："很简单，你几年前的表现，让我觉得你是经营这家饭店最合适的人。"

谁能想到，这位年轻的服务员对这一对老夫妇的一次关照，却换来了自己一生的事业和成功。不可否认，现实生活中有很多东西是金钱和智慧换不来的，很多时候，就是因为一点点的温暖和感动，一次平凡而简单的付出，却让你得到金钱和智慧换不来的东西，它们比金钱和智慧更令人需要和欣慰。

时刻明白这个道理：给别人掌声，你自己的周围就会掌声四起；给别人机会，成功就会向自己走近；关照别人就是关照自己。

关照别人可能使你获得成功，让你拥有别人可能永远无法得到的东西。而发出这项指令的就是你自己的内心，如果你没有关照好你的心灵，那么前面的一切都不可能发生。

客观的事物都是不断在变化的，一件事物不可能永远停留在我们身边，除了自己的心灵，所以我们要用心去呵护它。只有健康的心灵才能产生乐观、自信和宽容的好心态。

我们要想呵护好自己的心灵，首先要形成正确的自我认知，我们通过不同的方式认识不同层面的自己，而健康的心理是不同层面自我认知的统一。我们必须接受与生俱来的生理的不足，并用心灵美来弥补它；要理智地看待别人对自己的评价，把好的评价变成动力，负面的则当做教训；在实践和创造中完善我们的心理。

健康的心理能塑造积极乐观的心态，自信、幽默、宽容等都是积极乐观心态的体现，这样的心态是自我认知、自我选择的结果。一个人的心态取决于他对周围事物的看法。监狱里透过窗户往外看的两个人，一个人看到的是天上闪亮的星星，另一个看到的却是泥土。

心灵的呵护，还要求有一个健康的身体，因为一旦身体患病，必将影响到心灵的健康。我们都知道，身患疾病的人，他的情绪一般都是消极、悲观和抑郁的。同时，不健康的心理也会导致身体上患病，这样就产生一个恶性循环。所以既要重视身体健康，也要注意呵护自己的心灵，这样才能更富有创造力，身心的健康是取得成功的基础。

◎ 树立正确的金钱观，学会自我投资

★ 树立正确的金钱观

1. 金钱不是万恶之源

面对金钱的诱惑，有的人说它好，有的人也会说对它深恶痛绝。消极的人一般都认为：金钱是万恶之源。但《圣经》上有一个不同的观点："贪财是万恶之根。"这两句话看起来差不多，但是一个词的差别，意义就完全不一样。

美国作家泰勒在他的一本书中列出了金钱的十二种对人类的积极作用：让人们在物质上变得富有；获得娱乐；获得受教育的权利；能够旅游；拥有好的医疗条件；离开工作岗位让你的生活有保障；可以交到朋友；增强你的自信；更好地享受生活；更自由地表达自我；激发你继续努力；可以帮助别人。

2. 崇尚金钱也是一种崇高的信念

我们先讲一个孤儿的故事：

曾经有一个男孩在他很小的时候就成了孤儿，为了生存，在别的孩子扑

在父母身上尽兴地玩耍时，他不得不自己努力地寻找住的地方和食物。他读过一本书《自助》，作者是苏格兰人斯马尔斯，他和这个男孩一样，也在很小的时候就成了孤儿，但是他在生活中找到了成功的秘诀，并把它写在了这本书中。这个男孩在这本书中的思想的影响下，形成了强烈的愿望，他要像斯马尔斯一样成功，这使他有了崇高的信念，让他的生活变得更值得拥有和期待。

这个男孩在全国经济最为鼎盛的时期，开了四家旅馆。这已经算是一个小小的成功，但他并不满足于这些，他要像斯马尔斯一样，写一本书激励全国的青年，就像当年《自助》给他的影响一样。所以他把旅馆交给别人经营，自己则花费大量的时间在写作上。他给自己的书取了名字，还给自己定了一个座右铭："把现在的每一秒钟都看做是重要的，因为命运随时都可能检查你的内心，把你从一个地方派往另一个地方。"

可是，就在他为自己的写作感到兴奋的时候，命运检查了他的内心，考验了他的勇气，把他派到一个更重要的地方去了。

经济鼎盛之后，就是大危机，在这次经济大恐慌中，他的旅馆都被大火吞噬了，写作的手稿也被烧得精光。现在，他一无所有了。

他没有惊慌，没有沮丧。他用积极的心态、理智的思维观察四周，分析发生在国家和自己身上的事。他得到的结论是：人们的恐慌引起了经济的恐慌。

人们对美元贬值、股票下跌、工业的不稳定、破产的恐慌等等，这些强大的心理情绪使股票严重下跌，金融公司和铁路公司纷纷破产，失业的人越来越多，再加上自然灾害使农作物产量下减，让人们的生活更加困苦。

有人建议这个时候，他应该自己经营旅馆，可是看着国家物质上的废墟和人们情绪的消沉，他马上否决了。有一种崇高的信念占据着他全部的身心，他觉得他有义务来激励国家和全国有志青年。于是他又开始了他的创作。他常常对自己说："每个时机都是重要的。"以此来激励自己。

他的办公室就是一个马厩，他以极少的金钱满足他每周的生活。他在艰苦的环境中日夜不断地工作着。最后他成功了，他终于完成了他的初稿。

这本书受欢迎的程度难以想象。它被全国各界人士所喜爱，商店的员工在看，政治家、商人、教师和公司高管都在看，还被学校作为教科书使用。它被公认为激励人们、使人们采取积极行动的最好的书籍。

这个男孩也成了百万富翁。那个男孩是历史上一位非常著名的人物斯威特·马登，那本书的名字叫做《向前线挺进》。

大家都有这样一个信念：成功的基础和保持成就的基石就是人的品质。其实成功有很多种形式，拥有高尚完美的品质也是一种成功。大多数成功的原动力就是追求金钱，但是不能过分地贪心。比起崇高的生活理想，谋生是多么渺小。

有些人为了追求金钱，抛弃自己的家庭，放弃自己的健康，牺牲自己的荣誉。那么不管他多么有钱，他始终是个失败者。

3. 金钱会使人更加自信

设想一下，如果你从一个穷光蛋变成一个百万富翁，你还会像以前那样垂头丧气，干什么事都没有精神吗？肯定不是，你肯定是自信满满和富有激情的。没有什么比物质上富有更使人放心的。只要你的金钱是从正当渠道赚来的，那么无论那些鄙视富人的人怎样辩解，金钱总能增强你的自信心。想象一下吧，只要你有钱，什么形式的消费都可以，那么你就可以拥有任何你想要的东西，这是多么令人兴奋。

现实生活向我们证实了：一个人的自信和他的财富是成正比例增长的。财富越多，他的自信心就越强，"财大气粗"说的就是这一点。金钱就像是人身体上的一个感官，如果它不能工作，那么其他的感官也就失去了灵活性。

正确的投资方式，可以替你带来丰厚的报酬。"自我投资"也同样如此。

★学会自我投资

正确的投资方式，可以替你带来丰厚的报酬。"自我投资"也同样如此。

1. 教育方面

投资中收益最大的就属真正的教育的投资了。那什么才是"真正的教育"呢？当然，必要的基础知识教育是必不可少的，但是，这并不能说明教育就是学校内的课程，或者证书、文凭的多少。因为这些不能保证你一定能够成功。

曾经担任通用电器公司董事长的丁纳先生，在解释高级主管的教育问题时说："在我们公司里，工作做得最好的两个经理，根本就没有进过大学的校门。高管中虽然有人得了博士学位，但是仍有大约三分之一的高管没有大学文凭。因为公司看中的是一个人的能力，而不是那一张薄薄的纸。"文凭可能会使你轻松地找到工作，但不能保证你在工作中会作出大的业绩。

真正的教育也不是指一个人大脑中存储的知识、资料的多少。现在存储资料的机器那么多，如果我们只是机械地记忆那些东西，那么和机器还有什么区别呢？早就应该被淘汰了。

真正的教育是能够发挥我们才智的教育。评价一个人所受教育的好坏，是以他对思考的有效运用程度为标准的。凡是能促进他有效运用思考的事都是真正的教育，你可以凭借各种各样的方式来获得。但是对多数人来说，最佳的地方就是学校。

可能你听了上面的叙述，很急切地想去学校里继续深造。当你进了大学，看到那些繁多的课程你会很兴奋。你还会发现，在学校里读书的还有很多工作的人：有大老板，有著名企业的员工，有工程师，还有很多身份地位都很高的人。

有很多人是在工作之余的晚上来读书的。但是他们花大量的金钱、精力和时间继续深造的原因，并不是想要那一张薄薄的纸而已，他们想要的是锻炼头脑的机会，一次对他们未来最重要、最可靠的投资。

用生意人的话说：教育是一种很合算的买卖。想想看，你只要投入少量的金钱，然后在每个周的一个晚上都可以去学校接受教育。把你投入的钱和由于教育所产生的收入比较，你会发现这个比例多么悬殊，况且你的将来不仅仅是这么点收入。

如果你没有念过大学，那么现在决定继续读书还不算晚。你只要投入少量的金钱和时间，就可以得到一个更积极、更有头脑和更富有活力的自己，让你自己的脚步跟上时代的发展；你还有机会认识很多和你一样上进的良师益友。

2. 有意义的书刊

好的教育和心灵的提升，可以让你拥有灵活的头脑，以应对千变万化的各种突发情况；可以让你的思维更加缜密，提高你思考的能力，以帮你解决各种难题。

有意义的书籍也会产生一样的效果。你可以从书籍中找到很多值得思考的，对你工作很有帮助的资料，它还可以净化你的心灵。

这种有意义的书籍到处都是，是成本非常低的自我提升方式。只要你有心，你既可以去书籍最多的地方——图书馆寻找，也可以每个月至少买一本好书，同时订阅几种好杂志。这样一来，你就可以投入最少而收获颇多了。

◎ 健康是你爱情、生活、事业成功的根本保障

健康是生命的基石，是一切的根本。健康不能取代一切，但是没有了健康，任何东西都无从谈起。成功的标准有很多种，但是最重要也最容易被人忽视的就是健康。要创造人生的辉煌、享受生活，必须要有健康的身体和良好的精神状态。

有人用阿拉伯数字"10000"来代表人的一生，"1"就是健康，而后面的几个"0"就代表金钱、地位、身份、家庭，当然还可以代表很多很多，人的生活往往被这些"0"充斥着，而忽略了"1"。想想看，如果没有了"1"，那"0"还有什么意义呢？

健康又有身体健康和心理健康之分，缺少任何一种，都不是真正的健康。

拥有健康身心的人，往往具有乐观积极的心态，这种心态无论是取得成功或是幸福都是必不可少的。

就算你是个穷光蛋，只要你拥有健康，你仍然是一名百万富翁，因为你可以用健康的身体去创造一切、拥有一切。假如你连健康都没有，那么你才是个真正的穷人。

健康也是家庭幸福的基石。激烈的生存竞争，常常使人忽视对家人健康的经营。一个家庭无论富有还是贫困，只要每个人都是健康的，那么这个家庭就是幸福的。无论哪一个人得了疾病，对这个家庭来说都是一个沉重的打击，它不光使这个家庭在物质上严重损耗，而且还摧残其他成员的精神。所以，健康才是人生最宝贵的财富。

★ 健康是事业成功的保障

健康是事业成功的本钱。无论你从事什么行业，首先你必须要有体力和精力，这样你才能去生产、去管理、去销售，才能在商业谈判中以充满激情和活力的演讲来获得主动权，取得成功。

身体健康和心理健康一样重要，它们相互影响，相互制约。一个身体健康而心理不健康的人，同样是不能取得成功的。如果他整天消极厌世，借助外在的东西来宣泄这些消极的情绪，那他成功的概率是零。就算有绝好的机会摆在他面前，他也不会利用，因为他的注意力全都集中在那些坏的事情上。心理不健康的人，甚至还会违背道德，触犯法律。

同理，一个身体不健康的人，他的情绪也往往是消极的、悲观的，缺乏事业成败的关键因素——勇气和信心。这样的情绪是难以产生创造性思维的。就算他的心态是好的，如果他躺在病床上奄奄一息，那他积极的心态就没有行动的力量，也是没有用的。

有一个年轻的百万富翁，为了事业拼命地工作，甚至都没有休息的时间，是的，他的事业成功了，他被很多人仰慕，他可以得到用钱能买到的所有东西。可是，他提前支付了健康的生命，他躺在医院里，已经是任何药物都无法救治的了。他连说话都很困难，当他快要死去的时候，他说出了让所有人都震惊的话，他说："我最羡慕的人，就是现在仍在大街上游荡的乞丐。"因为乞丐虽然贫穷，可他有健康的身体，拥有健康的身体就有可能拥有一切。

★ 如何才能保持健康

健康是人类生存中最重要的问题，它决定着个体和社会的发展。想要保持一个健康的身心，或许下面几点建议对你有益：

1. 树立明确的生活目标

目标是指引你一直前进的方向标。一个人如果没有明确的目标，他就容易在人生之路上徘徊不前，永远无法取得他想要的生活。贪心是人类的天性，人们想追求的东西很多，但是由于人的能力的限制以及环境、社会等许多客观因素，他们只能确定一个明确的目标。否则事事都想追求，只能导致一事无成。

有了明确的目标，一个人就会努力奋斗，他的生活就会变得充实而富有激情，时刻保持着充沛的精力。这样就能阻止消极情绪的产生和外界不良因素对我们的干扰，保持身心健康。事实上，取得巨大成就并且健康生活的人，都是专注在一件事上而成功的人。

2. 对别人宽容

宽以待人是人们保持年轻健康的"添加剂"。《情绪管理》一书中对此曾经说道："付出，让你更加健康。"乐意对别人付出便是宽容品质的一种。不可否认，明确的目标和全身心地投入是健康的重要因素，但是宽以待人、乐于助人也是健康的必备条件。

约翰是公司的部门主管，在空闲的时间，他经常去感化院当义工，给那些孤儿捐款，还经常去献血，这一切让约翰觉得："我是个快乐的幸运儿。"他健康快乐的生活告诉我们：宽以待人、乐于助人能够减轻一个人的压力。

《圣经》上说，播种什么，你就收获什么。你将宽容和无私播种下去，就会收获宝贵的回馈：爱和感谢。科学研究证明：爱和压力一样，都是可以积累的。如果我们帮助的人多了，得到的爱和感谢也会很多，这些好的感受可以帮助我们渡过逆境，让我们在遇到困难时，时刻对自己说：未来是美好的。我们就会有新信心和勇气，来生活得更好，取得成功。

当你对别人宽容，帮助别人的时候，你会感觉别人需要自己，自己是很有价值的。你就会获得快乐，你的身心也会更加健康。

3. 幽默乐观的性格

事实证明，幽默对于减轻紧张感、缓解压力、忘掉生活的烦恼有很大的作用。它是生活的润滑剂，是波涛中的救生圈。幽默乐观的性格对一个人的身心健康是极有帮助的。同时，幽默还能有效地改善和拓展人际关系。没有人不喜欢说话风趣的人，如果你一说话就能引得别人开怀大笑，那么听你说话的每一个人对你的印象都是好的。

但是，值得注意的是：要想让幽默变成健康的引导师和增长剂，就必须保证这种幽默是创造性的，而不是具有攻击性的。因此，必须杜绝冷嘲热讽式的幽默，不能把别人的痛苦和尴尬作为自己快乐的基础。

Part_8 从优秀到卓越，超越自我

>>> 　　成功者所能遇到的最大的阻碍，其实并非外来的一切东西，像资金、合作、环境、对手等一系列客观因素，都不可能决定性地把一个人打倒，真正的阻碍是他自己。他心灵的状态，内在的情绪；他的欲望和野心，理性与思维；他的斗志和持续到底的勇气，这些将决定着他能否成功地超越自我。

◎ 优秀领导人物的16种必备素质

在这个激烈的没有硝烟的商业战场上，一个能够获得成功的领导必须具有坚毅的性格、能屈能伸、胆大心细、掌握主动权的能力。卓越的领导人物要有以下16种必备的素质：

1. 坚毅的性格和勇气

一个人只有自身和职业的知识充足时，他说话才更有底气，才会更有勇气。一个没有自信和勇气的领导者，没有哪一个员工愿意长期跟随他。

2. 能够自我控制

自控力我们已经在前面叙述过。有良好自控力的领导能为员工树立榜样和模范，让他们进行模仿。连自己都不能控制的人更不用说控制别人了。

3. 强烈的正义感

领导的权威和下属的尊敬，是建立在领导者内心的正义感上的。

4. 坚定的决心

具有坚定决心的人，做事情一般都能果断而勇敢。他既能肯定自己，也可以更好地领导别人。

5. 详细的安排

一个成功的领导者，他应该对自己的工作有一个详细的安排，一项一项地去完成。如果工作没有具体的计划，那么领导就像没有头的苍蝇，乱飞乱撞。

6. 付出大于收获的习惯

领导者要给下属做好榜样，就要求有付出的精神。领导的义务之一就是奉献。

7. 个人的魅力

领导是下属模仿的对象，没有哪一个下属愿意模仿各方面档次都不高的领导。而且也没有哪一个邋遢粗心的人能成为成功的领导。

8. 熟悉详情

一个成功的领导者，必须要熟悉所有职位的详细情况。

9. 富有同情心和善解人意

被下属尊敬和拥护的领导，一定是同情下属、理解下属的领导。

10. 强烈的责任感

一个领导必须拥有强烈的责任感，能够承担责任；如果他总推卸责任，那么他就不能继续担任领导职务。

11. 善于和别人合作

合作能产生巨大的力量，领导者需要协助力量，所以他必须懂得如何与别人有效地合作，能够劝说下属和他一块去做。

12. 毫不犹豫是领导者的特色

一名成功的领导者，他必须具有在关键时刻果断下决定的魄力。我们在分析调查过许多案例之后，得出一个结论：凡是成功的领导者，他们都有可以作出快速决定的特点，不管是重要的决定还是在小事情中。而他的追随者一般都不会拥有这种能力，因为不管在哪种行业中，追随者永远都不知自己的真正目标是什么，他什么都想要，或者说他根本不知道自己想要什么。作决定时，他经常犹豫不决，怕顾此失彼，即使是一件很不重要的小事，他也能犹豫半天。除非一个优秀的领导要求他立刻这样做。

成功的领导之所以能够快速地作出决定，是因为他给自己设定了明确的目标，而且还制订了一个达到这个目标的明确的计划，同时，他还有自己必须达到这个目标的自信心和强烈的追求。

13. 和员工沟通的习惯

领导每天都在和各种各样的人进行着沟通。他需要通过沟通向员工发布命令，收集反馈信息。相互沟通还可以增强集体意识。同时，领导者还必须和别的领导以及与公司有重大关系的人保持沟通。成功的领导能够和员工及时地沟通，提高效率。但是要注意以下的几点：

（1）不要为了让你的员工觉得你才是领导而故意争吵

如果你总是一副高高在上的样子，不允许你的权威得到挑衅，那么你也快变成普通员工了。沟通的目的是要解决问题，我们应该把双方的注意力集中在问题上，不要纠缠于一些无关紧要的小节。

（2）千万不能什么都不管，只交给下属做

有时候开个玩笑能够搞好氛围，让员工认真严格地完成工作，但是你自己必须掌握一些重要的事情。

（3）注意言辞

现实中，员工和领导能够和谐相处的现象是少之又少。大多数的员工都认为领导是专门发布命令的。如果领导言辞不当，很可能会发生争执。因此，为了更好地开展工作，领导应该注意传达命令的方式和言辞，注意说话的语调。

（4）对任何不明白的事情都不要假设

对于下属的理解问题，领导应该鼓励他们把不明白的事情说出来，并向他们解释清楚，保证他们充分地理解问题。

（5）及时反馈

如果有员工抱怨工作太多，那么给他提供好的机会，这样在出现损失之前就可以将员工的抵触情绪消除。

（6）发出指令的次数要适当

发出的指令要简洁，有要害，切不可乱发指令。必要时，等员工完成一个再发另一个。

（7）给员工工作中正好需要的东西

不同的工作，有不同的程序和复杂程度，所需要的材料也会不同。这个员工认为不需要的东西可能就是另一个员工必需的有利材料。所以对沟通的对象，要提供他最需要的东西。

（8）杜绝命令不一致的情况

在你告诉下属一项命令之前，确认别的主管没有下达不一样的命令。对发布命令的对象和时间，也要保持一致。

（9）合理地分配工作

不管是容易配合的员工还是做事不一定每次都做好的员工，作为一个领导者，对他们应该平等地分配工作。不要让容易配合的员工做本应该属于那些难办事的员工的工作，这样就可以减少对抗。

（10）不要太炫耀自己

许多新领导上任，喜欢显示自己的权威。但是年龄比较大的领导却知道，强制员工做事情和太炫耀自己，只能适得其反，招致下属的反感。

（11）善于倾听

能够认真地倾听员工的说话。不要给员工造成一种你已经明白的假象，即使你真的知道了，你也应该保持沉默，让他把话说完。这样你才能弄清楚员工的真实意思。如果你很忙的话，那就再找一个时间把话听完吧。在听的过程中，不要急着对员工作出反馈，这样因为事情没说完而造成的心烦就会避免。

当然，认真倾听也不能忽视适当的反馈。当你感觉员工正在脱离主题时，你应该用适当的问题把他的思绪拉回主题上；当讨论变成毫无意义的聊天时，你必须采取措施回归正题；当员工没有弄明白事实的真正目的时，你应该想方设法让他明白；当员工用难题来考验你的知识和经验的时候，你应该直接回答他。

如果你想帮助员工提高解决难题的能力，而不仅仅是回答问题，那你就想尽办法达到你的目的吧，尽管这需要很多时间。

14. 正面鼓励和夸奖员工

鼓励和夸奖永远是激励人的好方法。严肃和不苟言笑的鼓励往往达不到预期的效果。如果你想取得成功，就要学会使用正面的激励，要主动地夸奖和鼓励他们，让他们感到自己很优秀，收获领导的认可。

很多人认为用命令催人办事很有效果，它能使你有一种威严感。这样想就大错特错了，因为它始终使人处于一种被动的状态，什么事都做不好。你应该学学正面表扬的方法，它既维护了员工的自尊心，又使他们充满了自信，员工就能做好每一件事了。

15. 敢于冒险和探索

在瞬息万变的现代社会，人们最重要的精神就是敢于冒险和探索。在管理学的理论中，有一个敢于冒险的领导是克服一切不确定因素的最好方法。

在动荡不安的市场竞争和复杂多变的管理环境中，局面每一秒都在发生着变化，它的随机性让你难以看透。如果你想在变幻莫测的商业市场中保持成功者的地位，那你必须得有冒险的精神和勇气。没有哪一条成功之路是永远顺利的，所以冒险的精神就成了成功的必备因素，敢于探索也是致富的条件之一。

对于经商者而言，做生意本身就是一种冒险，一种想在商业战争中胜利的冒险。在商场上，没有竞争意识，你就注定是失败者。很多成功的经商者在谈到其成功的经验时，无外乎"一旦看准，大胆行动"这一句话。

冒险体现在个人身上是一种大无畏的魄力。事实告诉我们：收获总是伴随着冒险而来。成功机会的大小，一定程度上取决于风险的大小，一般情况下，风险越大，成功的概率就越大。为了把握机会，你就应该敢于冒险，在关键时刻抓住良机。幸运总是光顾勇敢的人，光有成功的愿望却不敢承担风险，怎么能成功呢？

值得注意的是，冒险并不是盲目的，它是以客观的事实和科学的分析为基础的。不违背客观规律，加上自身的努力，从风险中抓那些至关重要的机遇，你就具备了成为一名成功的领导者的素质。

16. 创意

想让自己的团队有明显的进步和发展，你就必须鼓励员工想出更多更好的点子，为公司尽心尽力。作为领导者，你也要每时每刻都有新的创意，带给下属新的思想和刺激。如果领导一味地安于现状，不求突破和创新，那么员工也会跟着邯郸学步，这个团队的运转就变成了一个悲剧。创意的产生是一个不为人知的长期的过程，并不是灵感的突然闪现，也不是天马行空的思考。当一个人的精神集中到某个程度时，意识就产生了。

有远大理想的人都是充满创意的。他们一边追求着自己的理想，一边不断地从困难、挫折中得到新的观念。

我们可以统计的领导者大约可以分为两类：一种人受到员工的尊重和理解；另一种人正受到员工的抵抗和怨恨。前一种基于正确有效的领导，是创意型管理者；后一种则是由于多采用了权威来维持的领导，僵硬死板。无数事实和管理史都向我们证明：后一种领导是不会长久的。唯一能长期胜任领导者职位的，是能够得到下属尊重和理解的创意型的强者。

◎ 自我成功的必备条件

1. 坚定的信念

自我的成功需要一个声音时刻提醒着你：我有能力，并且一定可以取得成功！正如本书在篇首就提到的，这就是心理暗示能够起到的伟大的作用。自信的信念是人对于自身力量的一种肯定，相信自己一定能做成某一件事，实现自己所要追求的目标。

人们在确定了自己的理想信念、开始进行坚定的追求之后，一个成功的结果对他来说就变得很重要了。并且当他拥有自信，他就会在不知不觉中抓住成功的机会。促成自我的成功的有效的方法之一，就是在你自己心中制造一个模范的人物，让你做事有一个参照，你的思想无意中就会跟着发生改善，那个在你心中的形象就会成为你崇拜的人，但必须保证这个人是值得你崇拜的。

在各种场合都保持沉默的人，我见过不少，他们在为自己的沉默辩护时，通常都认为："我的观点没有什么价值，我还是不说了，免得其余的人说我愚蠢。而且他们可能懂得比我多，我的无知只能让他们嘲笑，我还是什么都不说了。"这样的人总是对自己说："等下次我作好准备吧。"可是，他们知道这一次不发言，下一次他们也不敢。他们每不发言一次，信心就失去了一分，他们永远也无法使自己克服这个缺陷，也不能超越自我，完成自我的成功，因为他们没有坚定的信念，也就缺乏表达和行动的欲望。

一个可以成功的人，他必须首先是一位"自我成功"的人。这体现在他内心的信念上。只有战胜了自己的内心，才能攻取外界的堡垒。只有他克服自身的缺陷，让自己变得强大无比，他才有能力去改变周围的事物，让他们为自己所用，实现真正的成功。

有一位学者曾经说："人类历史上任何一位伟大的成功者都出自精神上优秀的人当中，不论哪一领域，做成伟大事业的人必定是具有伟大人格和智慧的人。"

什么是"精神的优秀"呢？其中之一就是指具有坚定的信念。他能在任何时候帮你渡过难关。曾经有一个人在河里游泳，不幸被大浪卷向下游，当他快要放弃的时候，他忽然想起来去年的一棵树的粗枝就在前面不远的地方，于是，他的大脑里充满着求生的信念，他奋力挣扎着，可是当他抓到树干的时候，发现它早已腐烂了，可是就在这时，救援的人赶到了，他重新获得了生命。这就是信念的强大力量！

2. 促进人生奋斗的动力

信念的力量是巨大的，无论在改造自身还是改造外界事物上都具有很大的主动作用，信念是激励人们向着明确的目标不断前进的永不枯竭的动力。

人们在确定自己的人生和信念时，有的有明确高大的目标，却没有超人的能力；有的两者都具备，但是却缺乏达到目标的坚毅的志气。观察历史，你会发现，一些科学家和革命家之所以能够产生惊人的毅力和动力，在艰苦的环境下克服困难、战胜邪恶，取得事业上的成功，完成自我的突破，其中一个不容忽视的原因，就是他们坚定的信念成为他们取之不尽、用之不竭的力量源泉。

琼斯得了重病，医生告诉他，他不久将离开这个世界。当时正是万物消沉的秋天，琼斯的病房外面有棵树，他确信，当最后一片叶子落下去的时候，自己也该离开了。可没有想到的是，那最后一片叶子怎么都没有掉下来，于是，琼斯又重新产生了活下去的信念，并在医生的帮助下，恢复了健康。琼斯战胜疾病，拥有了生命，实现了自我的成功。

拥有坚定信念的人不一定能成功，但是没有信念的人一定不能成功。成功又包括自我的成功和外界的成功，外界的成功，比如财富和地位，不代表自我的成功，但是自我的成功一定能促使外界的成功。

3. 他人的激励

简单地说，激励就是一种使你完成自己的目标，让你走向你想要的生活的
伟大的驱动力量。如果你想将你的个性变得更好，在工作中得到提升，培养对
我们有益的兴趣爱好，作为你孩子的好榜样，做一个更有用的人，那么，只要
你适当地得到对应的激励。如此，你的目标在你十分付出的努力之下，就会很
容易实现。

每个人的需求都有很大的区别，但是总的目标都是一样的，那就是成功。
不管是买一栋舒适的房子，一辆漂亮的车子，还是做成某一个项目，结果都是
为了使自己的价值得以体现。

需求是促使人产生某种行为的原动力。人一旦产生了需要，也就需要得到
激励，因为人有时候会松懈下来。现代社会的人个个都希望成功，但却不知道
该往哪个方向努力，该怎么努力，努力之后会有怎样的结果？在这种情况下，
我们就非常需要别人的激励了。

每个人都想做不平凡的工作，谁也不想困在底层，温饱都无法满足。可
是怎样才能与众不同？如果这时有一个人给我们指出明确的方向，告诉我
们：成功不仅仅在于努力，更多在于方法。那么我们就会豁然开朗了。比
如，通过帮助一个销售人员发现和培养他的关键客户来增加他的销售额，使
他获得成功。

激励的另一种方式就是给予一个人额外的责任，这不仅仅是指更多的工
作，而是需要更深入的知识和能力才能完成的工作。这个责任的数量因人而
异。如果一个人受到这种待遇，那他自身的价值就会受到肯定。要知道，失败
是成功之母，成功更是成功之母。

大多数人都会很在乎别人对自己的看法，当你买了一件新衣服，先要问问朋友漂不漂亮，如果他说漂亮，那么你穿上一定很自信；如果他说真土，那你一定不会经常穿甚至直接扔掉了。别人对自己的观点和对自己的发展都有着至关重要的作用，别人的一句丧气话，可能使你快要到手的成功瞬间毁掉，一句激励的话，可能就把你从生死边缘拉了回来。尤其是父母对孩子的激励，能影响孩子的一生。

小杰克被老师怀疑患有多动症，虽然这不是多么严重的疾病，但老师仍然建议他妈妈最好带他去看医生，可是母亲不愿意让小杰克受到打击，于是就回家对儿子说："老师夸奖你有很大的进步，让你继续努力。"

直到小杰克上了小学上了初中，老师都是对母亲这么说的，但是母亲对小杰克一直进行正面的激励。在最后的考试中，母亲同样激励他说："老师说你只要再努力一点，你就能取得成功了。"

在妈妈一次次的激励下，小杰克战胜了他在性格上的缺陷。他没有让妈妈失望，终于取得了自我的成功。

4. 环境的影响

虽然说决定成功最重要的因素通常是主观的，人的内在决定了他能够走多远，但是客观的环境因素有时候也能起到决定的作用——当然是在同等的内在条件下。你应该认真地分析环境现状对于自己的成功是帮助还是阻碍，然后再选择对自己最有利的环境。

所谓"近朱者赤，近墨者黑"，如果你长时间和一群情绪低落、消极厌世的人在一起，那过不了多长时间，你也会变得和他们一样毫无斗志；如果你和目标明确、积极奋斗的人在一起，即使你是个天生悲观、懦弱的人，你也会被他们的热情所感染，成为敢于创新、敢于冒险的人。

所以，选择一个适合自己的环境，我们就像在成功的道路上为自己插上了一双有力的翅膀。

◎ 自我成功的宝贵方法

成功者所能遇到的最大的阻碍，其实并非外来的一切东西，像资金、合作、环境、对手等一系列客观因素，都不可能决定性地把一个人打倒，真正的阻碍是他自己。他心灵的状态，内在的情绪；他的欲望和野心，理性与思维；他的斗志和持续到底的勇气，这些将决定着他能否成功地超越自我。

因为忧郁的情绪，我们不能把握机会；因为我们没有更高的追求，所以我们只能满于现状，不能突破；因为我们缺乏信心，所以不敢面对困难和挫折；我们不能超越自己，所以我们不能发挥潜能。只有将自己不断地提升和超越，你才能作出更大的成就。

超越自我，首先靠的是勤奋。

人最大的敌人就是自己，没有任何东西比超越自我更困难。而超越最有效的方法就是勤奋。英国人有一句名言：对于目标坚定不移的努力最后成就了成功。而坚定不移的努力就要求你不能懈怠，必须勤奋。对于一个人，或许机遇很难把握，自己又没有所谓的天赋，那么你就应该在勤奋上努力了，它比机会和天资更容易让人把握。

诺贝尔奖获得者罗伯特·巴雷尼，他小时候因为疾病变成了一个残疾。他的母亲对此悲痛不已，但是她立刻振作了起来。她想：罗伯特现在需要的是鼓励和帮助，我可不能让他看到自己的失落。于是，她走到巴雷尼的床前说："亲爱的罗伯特，答应妈妈，你要用你自己的双腿把剩下的人生之路继续走下去！"

从此，妈妈只要有空暇的时间就帮助巴雷尼练习走路，不管怎样都坚持着，妈妈这样的精神时刻影响着小巴雷尼。终于，在妈妈的帮助和鼓励下，勤奋的巴雷尼经受住了命运带给他的打击，他勤奋地学习，最后取得了成功。

残疾的巴雷尼能获得如此巨大的成功，何况我们这些健康的人呢？我相信你只要勤奋地工作，也能获得更大的成功，因为我们大部分人都是健全的。

超越自我，其次靠的是强烈的兴趣。

这是一种向外和向上的强大吸引力。我们不止一次地提到过，同时我们还可以无数次在教育和励志经典中看到这样的阐述：超越自我的最重要的推动力就是兴趣，成功真正的秘诀就在于兴趣。它是我们成功的钥匙，是成功的关键所在。只要你有浓厚的兴趣去做一件事，那么不管遇到什么困难，你都会充满信心地去克服，并且获得成功。兴趣是最好的老师，它甚至比天赋更重要。

爱迪生就是"兴趣决定成功"这一定律最好的验证者。他每天都在实验室工作十几个小时，他在那里吃饭、睡觉，但他从来不认为自己很辛苦，相反，他甚至感觉其乐无穷。这种对工作的浓厚的兴趣正是他获得成功的最好的老师。研究证明，如果你对自己从事的职业很感兴趣，那么你就会发挥百分之八九十的潜能，工作效率高而且不容易疲惫。

这就是我们的结论：超越自我的不竭动力，就是一个人内在的兴趣和因此产生的意志力。你愿意付出多少，你就能得到多少，这是毋庸置疑的，没有人能够绕过这条定律去打开成功的大门，从来都没有！

每个人都需要不断地超越自我，你千万不要沉迷在暂时成功的喜悦中，请一定把当前的成功看成是超越自我的垫脚石，别让暂时的成绩变成包袱，阻挡你前进的道路。我们只有把荣誉踩在脚下，你才有可能取得更大的成功，不断地对自己实现超越。

其实，从另一种角度来看，每一次超越自我后的成功，就是一个新的垫脚石，我们不要太沉醉其中。当获得某些进步时，你需要冷静地庆祝，理性地把它们一个一个累积起来，踩着它们不停地前行，你就会达到更高的山峰。到达一个新的高峰后，不能满于现状，要重新向另一个高峰前进。

如果取得小小的成功就驻足不前了，怎么会取得更大的成功呢？

许多人懂得这个道理，他们开始了为超越自我而努力奋斗，最终达到了成功的高峰。但这时候，他们又犯了骄傲自满的毛病，仅仅满足于现在的成就，那么这座高峰，就成了他事业的坟墓。

当然，最不可缺少的办法和最为重要的品质，则是我们内在的自信。你永远不要说关于自己不好的事情，也不要去否定别人的自信。我们多给自己和他人"创造性的批评"。所谓"创造性的批评"就是指用缓和的语气说出你的建议，让别人听不出你是在批评，而是在提供建议。于是，别人或自己能通过你这种温和的批评，得出具有指导意义的结论。

我们要将自己对于一件事的反应、想法和感受和其他人作比较，对自己行为的适宜性作出评估，判断出与社会规范是怎样的关系。适时调整自己的行为，用最适合的方式、最快的速度获得成功。

我们还要善于结交良好的朋友。成功者最重要和最宝贵的经验，就是善于观察别人，用自己的人格魅力去吸引一些有能力的人来合作，和你互相支持，激发共同的力量去做事。我们需要用一颗真诚的心去待人接物，结交好朋友，相互帮助、相互促进，否则，单靠一个人的力量是难以成功的。

我们要把握现在，处在什么样的环境，就去做什么样的事。当你有目标时，积极地面对未来，尽自己的最大努力去实现；当目标达到时，要全身心地享受这种快乐，珍惜现在。这样你才会活得充实，因为充实的生活也是自我成功的一部分。

永远对自己的快乐和成功充满信心，懂得和他人分享。在实践中了解自己的优势和独特的品质，保持并发扬这种优势。

永远去追求超强的自控力，当你感觉自己快要失控时，马上换一个环境，调整自己的心态，或者站在别人的立场思考问题。

我们要明白自己的能力总是有限的，可以独当一面但永远无法解决一切。当你遇到自己无法解决的困难，或无法消除消极的情绪时，请寻求比你更专业的人的意见，他们会帮你渡过难关。

最后，请多做一些自己能够做到并可以从中得到更多乐趣的活动，比如，和他人一起参加社会活动，做自己喜欢的事。

◎ 更大的成功是帮助他人成功

对一个人来说，成功到底是什么？这是本书的最后一个问题。许多人告诉我，成功就是有足够花一辈子甚至几辈子的钱，至少也要有车有房，有产业，或者一家还算得体的公司。但我的观点是，首先成功的主体是我们本身人生价值观和内在的心灵追求的现实，接着才是我们想要做的事情。事情做成后所产生的满足感和兴奋感（而不是多少物质的即时回报），对于一个人就是最大的成功。这样，我们的自身价值就得到了实现。

人都是贪心的动物，即使是对待成功也是如此，当他的财富和地位达到了他想要的程度时，他就开始寻找精神上的成功。他希望自己的精神也同样得到别人的赞扬，同时他还期望自己的成功方式能够获得别人的追随与模仿。于是，帮助别人就成为他们的选择。

当别人也跟着成功后，他们的目的就达到了，精神上得到了满足。所以，对于那个施予帮助的人来说，这就是一个全面的成功。

有一个闲逛无事的小男孩，他往水里扔了一个小石子，水里立刻产生了一圈一圈的水纹，这个小男孩对此惊奇不已。当他看到这一圈一圈的水纹时，他感到自己的力量在扩张在蔓延，他内心的活力也在悄悄地生长。这一个动作不仅创造出了水纹，而且还创造出了一个全新的小男孩。其实，因帮助他人而成就自己，正是这样的一个循环。

我们最初帮助别人所产生的影响力，对自身而言也是深远的，在这个影响力的作用下，我们会不断地增加这种力量。逐渐地，我们的精神需求得到满足，或许我们还会收获一些意想不到的东西，那就是你因帮助别人而得到的爱和感谢，以及他们作为回报满足你的那些自身无法完成的心愿。

付出就有回报：帮助别人就是帮助自己。对于个体来说，无论什么时候，它相对于社会来说都是极为渺小和无力的，我们只凭自己的能力是无法一直顺风顺水的，也很难独自解决遇到的所有难题。这便是我在本书中最后想告诉每一个抱有成功梦想的人的：

你要想取得更大的成就，每个人都需要别人的帮助，哪怕他现在只是一名落魄的乞丐，将来的某一天，他也可能对你的人生施加某种巧妙而巨大的力量。

请你一定相信人生的蝴蝶效应，它所能释放的力量，任何一个人都无法阻挡。就是说，当你今天帮助了一个弱者，产生的不只是你"损失"了一些"看似不必要的支出"，还会为你的明天埋下一粒能量未卜的种子。即便这个人受了你的帮助，以后对你的生活无所补益，你的损失也并不大，但假如他成为一笔暴涨千倍甚至亿倍的"人脉投资"，你所得到的将足以让你瞠目结舌。

如果总是一个人独自奋战，我们不免会感到孤独和力不从心，就会不自觉地和别人建立人际关系。我们可以在人际关系中找到成就感和安全感。而当你不愿意和别人分享，不想帮助别人和成就别人的时候，你就会变成一座无人问津的孤岛。

一个人的人际关系越好，他被别人接受的程度就越高，他就因此越有成就感。无论是百万富翁还是著名的文学家，无论是影视明星还是政界名人，如果没有他们的合作伙伴和亲戚朋友的支持、鼓励和协作，他们是不可能到达成功的彼岸的。

赞美别人、肯定和帮助别人不会让你变得不如人、掉架子，或者培养了自己的潜在对手。相反，如果你能看到别人的优点，从对方的成功中学习别人的长处；如果你能看见别人的善良，你也会变得善良；如果你能看见别人的美丽，你也会变得美丽。这正是成功人士在最初获得支持的法宝。

面对别人的成就，那些永远也不会成功的人就会轻蔑地说："这有什么了不起的呢？"这样的人自己做不到，又不肯为别人鼓掌，那他永远都是失败者。

初到美国时，我刚刚落脚，没有多少钱，正急于寻找一份养家糊口的工作。有一次我去超市买生活必需品，正好一位美国老太太结账时现金不够，又忘了拿信用卡。她很着急，营业员面无表情地看着她，很可能把她的行为视做故意的——想省点钱什么的。

我赶紧走过去，轻声地问："这位女士，您需要我的帮助吗？"

然后我不等她开口，就掏出仅有的现金送给她，帮她解了燃眉之急。她充满感激的眼神让我深深觉得，帮助别人是一种有益的行为。几周以后，当我因为付不起高昂的房租，重新去找房子时，我惊讶地发现，这位太太竟然和我是邻居！我搬家的时候，她热情地过来帮忙，不但非把当初的几十美元还给我，还在其后的生活中向我提供了源源不断的"帮助"。可以说，我在美国的最初两年中，从她身上获得的帮助十分重要。她不但帮我尽快熟悉了美国社会的一些生活习惯，还为我搭建了不少重要的关系。

而这一切，都源于我当初在超市中的出手相助！

一个人的成功就像一部电影的制作，靠的不仅仅是主角——你本人的精彩表演，还有很多幕后的工作人员，他们也是这部电影的关键。但是不管你身处哪个位置，让别人发出动人的光彩，你也能光亮。你必须舍得对他们付出，尽力帮助他们，然后才能收到巨大的回报。

著名的文学家和思想家爱默生曾经说过："人生最美好的一项回报，就是只要你诚心诚意地帮助了他人，你一定也会受益。"塞涅卡也曾经说："将好处给予别人，是让自己获得好处的最有效的方法。"所以你想要获得大成就，那就帮助他人、赞美他人吧！它将使你在黑暗中获得光明。

所以，你应该常常对别人说："正因为有了你，我才会更成功。"这是我们的心灵之所以有魅力的高贵之处。当别人因你而成功时，也不要对此斤斤计较和苛求回报。因为，当你成就了别人的荣誉，他对你也会铭记在心，永不忘怀。

（全文完）